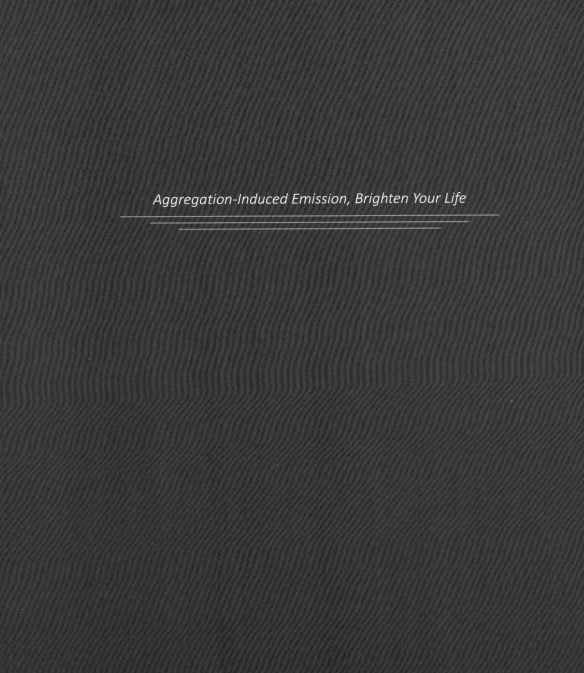

Aggregation-Induced Emission, Brighten Your Life

聚集诱导发光
中国原创　世界引领
——二十年征程巡礼

聚集诱导发光高等研究院　　著
爱思唯尔

科学出版社
北京

内 容 简 介

本报告基于对聚集诱导发光（AIE）领域的学术产出和专利数据分析，结合国内外研究进展，对 AIE 领域进行了系统的梳理。本报告分为四章，第一章为 AIE 研究的整体科研表现概览，描述该领域近二十余年的整体科研产出情况及发展趋势，表明 AIE 研究正在快速发展并趋于国际化；第二章为 AIE 研究的科研合作表现，介绍 AIE 领域科研发展的主要合作模式，并指出未来更趋于国际/地区类型的科研合作；第三章为 AIE 领域的研究特色，通过对 AIE 领域的学科分布定位、延伸领域探索和热点研究主题的挖掘，进一步展示该领域的研究特色，说明全球 AIE 科研领域正在由源头创新期向创新密集期发展；第四章探讨 AIE 基础科研到产业应用的转化潜力，通过对领域内的产学合作、学术产出与专利之间的知识流动和相关专利分析，展示出 AIE 领域正在从科研理论转化到产业应用的发展态势。

本报告旨在为相关领域的科研发展提供科研战略规划，为领域内创新科技平台建设、人才培养和科技政策激励等方面提供决策支持，并通过探索领域的热点研究方向为科研工作人员提供可参考和利用的科研基础信息。

图书在版编目（CIP）数据

聚集诱导发光：中国原创，世界引领：二十年征程巡礼/聚集诱导发光高等研究院，爱思唯尔著．—北京：科学出版社，2023.5
ISBN 978-7-03-075327-4

Ⅰ．①聚⋯ Ⅱ．①聚⋯ ②爱⋯ Ⅲ．①光学－研究报告－中国 ②光化学－研究报告－中国 Ⅳ．① O43 ② O644.1

中国国家版本馆 CIP 数据核字（2023）第 057051 号

责任编辑：刘 冉／责任校对：杜子昂
责任印制：肖 兴／封面设计：北京图阅盛世

科学出版社 出版
北京东黄城根北街 16 号
邮政编码：100717
http://www.sciencep.com

北京九天鸿程印刷有限责任公司 印刷
科学出版社发行 各地新华书店经销
*
2023 年 5 月第 一 版 开本：720×1000 1/16
2023 年 5 月第一次印刷 印张：8
字数：160 000
定价：98.00 元
（如有印装质量问题，我社负责调换）

前 言

　　人类文明的发展史就是一个不断发现知识、积累知识、运用知识的过程，而知识的创新离不开概念的创新。"旧观念的推翻"和"新概念的建立"，不仅改变了人们的思维方式，而且周而复始地推动着科学研究逐步向前发展。例如，爱因斯坦（Albert Einstein）提出的"光量子（Light Quantum）"的概念，不仅成功解释了当时的光电效应实验现象，推动了量子理论的发展，而且改变了世界的面貌，使关于光的科学为人类文明的发展发挥更重要的作用。施陶丁格（Hermann Staudinger）提出的"高分子"概念动摇了传统的胶体理论基础，大大推动了化学和材料等学科的发展。黑格（Alan J. Heeger）、麦克迪尔米德（Alan G. MacDiarmid）和白川英树（Hideki Shirakawa）等人关于"合成金属"或"导电高分子"的研究颠覆了人们关于"聚合物是绝缘体"的传统观念，引领了有机光电领域的发展。

　　人类对"光"孜孜不倦的研究至少已有2000多年的历史，产生了众多在光学研究史上具有里程碑意义的理论和技术。早在1666年，牛顿（Isaac Newton）研究了光的颜色和色散现象；1678年，惠更斯（Christiaan Huygens）提出了光的波动学说；1860年，麦克斯韦（James Clerk Maxwell）提出了光的电磁理论；1879年，爱迪生（Thomas Alva Edison）发明了电灯，改变了社会的运作模式，提高了人类的生活水平；1887年，赫兹（Heinrich Rudolf Hertz）发现了光电效应，使光-电转换成为可能；1966年，高锟发明的光导纤维则带来了信息传输技术上的巨大变革，改变了世界的面貌，促进了社会的进步。鉴于光的研究的重要性，2015年被联合国命名为国际"光之年"（International Year of Light），以宣传和普及人类历史上那些与光有关的重大科技成就，以及其在解决健康、水、能源、环境、食品、教育、安全和贫穷等全球挑战性难题方面的贡献。

　　光与物质的作用形式主要是光的吸收和发射。早在19世纪中叶，人们就开始了对光发射的研究，1852年斯托克斯（George Gabriel Stokes）在研究奎宁和叶

聚集诱导发光
中国原创　世界引领——二十年征程巡礼

绿素的发光时发现，在短波长光的照射下，有些物质能发射出一种比激发光波长更长的光。在 20 世纪 50 年代对发光材料的研究中，Förster 等人发现芘的荧光强度与浓度的关系非常密切：这类有机小分子在稀溶液中发光很强，但在高浓度溶液中发光变弱甚至消失。这一现象被称之为"聚集淬灭荧光"（Aggregation-Caused Quenching，ACQ）。然而，发光材料通常是以固态或聚集态的形式应用，需要其具有高效的聚集态发光效率，而材料的 ACQ 问题大大降低了聚集态发光效率，从而严重影响了它们的实际效用。

为减轻 ACQ 效应对材料发光效率的影响，科研人员采取了一系列化学、物理和工程的方法和手段来抑制分子间的聚集，包括将支化链、大环基团、树枝状或楔形结构基团等以共价键方式连接到芳香环上来阻止其聚集，或将发光化合物通过表面活性剂包覆，以及将其掺杂到透明聚合物介质中以减少分子间聚集。然而，化学方法常涉及烦琐的合成，且将大体积的侧基连接到芳香环上会严重扭曲发光分子的构象，并影响其共轭结构和发光波长与效率；而物理方法则要求精细的工艺控制，重现性较差，并且物理工艺中使用的包覆剂和聚合物通常不发光，它们的引入将稀释体系中的发光基元密度并妨碍电荷传输。因此，这些干预发光分子聚集的尝试仅取得了有限的成功。多数情况下，在抑制聚集的同时也带来了新的问题。究其原因主要是聚集是一个自发的内在过程，人为抑制聚集并不能从根本上解决发光分子的 ACQ 问题。因此，充分利用分子的聚集才是提高其在聚集态或固态的发光强度的理想途径。

2001 年，唐本忠院士基于观察到的 1-甲基 -1,2,3,4,5- 五苯基噻咯在乙腈中不发光，但在含大量不良溶剂（水）的乙腈溶液中发出很强绿色荧光的现象，在国际上首次提出了"聚集诱导发光（Aggregation-Induced Emission，AIE）"的概念[*]，并在随后的研究中通过大量的实验提出并验证了"分子内运动受限（Restriction of Intramolecular Motion，RIM）"的 AIE 机理，由此开创了一个由我们中国科学家引领的新兴研究领域。在 RIM 机理的指引下，科研人员设计并构建了大量结构多样的具有 AIE 特性的小分子、聚合物、有机金属络合物等体系。目前，RIM 机理已被国内外同行广泛接受并用于解释他们观察到的分子聚集发光现

---

[*] Luo J, Xie Z, Lam J, et al. Aggregation-induced emission of 1-methyl-1,2,3,4,5-pentaphenylsilole. Chemical Communications, 2001(18): 1740-1741. doi:10.1039/b105159h.

象。另一方面，AIE 材料作为一类新兴发光材料，已被广泛应用于光电器件、化学传感和生物检测与成像等各个前沿领域和交叉学科。与传统 ACQ 发光材料相比，AIE 材料表现出了独特的优势。

作为毫无疑义的原创中国概念，AIE 不但打破了教科书上关于聚集淬灭发光的经典论断，颠覆了聚集态发光技术策略的传统认知，为设计高效固态发光材料提供了新思路；而且推动了学术界对分子发光机理研究的纵深发展，将科学研究从还原论提到更高维度的整体论，改变了传统研究的思维定式，促成了聚集体科学领域的形成；因此，AIE 得到了国际上化学、材料、生物、医学等领域科学家的广泛关注。例如，"AIE 纳米粒子"被 Nature（2016 年）列为支持未来纳米光时代重要的材料体系，也是唯一由中国人提出和发展的材料体系，并在医学领域的诊疗和成像方面表现出巨大的应用前景，有可能引发新一轮的生物成像技术革命（2020 年 Nature 专刊）；AIE 技术也被纳入 IUPAC（国际纯粹与应用化学联合会是化学领域最权威的组织）发布的 2020 年化学领域十大新兴技术。

自 2001 年 AIE 概念首次提出，AIE 从一个全新的中国原创概念逐步成长为一个吸引全世界越来越多科研人员投身的科学研究领域。为了更加准确和客观地展现 AIE 领域在过去二十余年的发展历程，并展示 AIE 领域的最新研究动态，也为了在 AIE 领域建立系统化、理论化的知识储备，打造一个中国领跑、多国合作的研究平台，以期推动 AIE 及其相关领域的创新研究和产业转化与应用，本报告基于 AIE 领域内专家对目前国内外 AIE 理论、技术与产业发展趋势的解读，在全球发表的科研论文范围内（基于 Scopus 数据全库[*]）对 AIE 相关科研产出内容进行总结归纳，并在此基础上选取内容关键词，用以形成 AIE 科研领域的文献集合[†]。

科研文献的集合采用了关键词序列[‡]的方法，在 Scopus 全库中进行文章收集和分类：为了更加准确地界定范围，爱思唯尔科研分析团队将领域专家提供的三百多个关键词作为初始输入数据，在整个 Scopus 数据库中对所有关键词进行

---

[*] Scopus 数据库是爱思唯尔的同行评议文章摘要和引文数据库，涵盖约 105 个国家和地区的 5000 家出版商出版的 39000 多种期刊、丛书和会议记录中发表的 7730 万篇文章。Scopus 的覆盖范围是多语种和全球性的：Scopus 中大约 46% 的出版物是以英语以外的语言发布的（或以英语和其他语言发布的）。此外，超过一半的 Scopus 内容来自北美以外地区，代表了欧洲、拉丁美洲、非洲和亚太地区的许多国家。

[†] 未被 Scopus 数据库收录的文章则没有被本报告统计在内。

[‡] 最终关键词序列详见附录 A。

聚集诱导发光
中国原创　世界引领——二十年征程巡礼

拆分检索、交叉检索和反向检索，并对每一个检索式片段的检索结果进行精度和广度控制，并辅以专家的人工鉴别，进而对整个关键词序列的检索内容进行可控的扩展和限制。关键词序列会在每一篇科研文章的标题、摘要和关键词（包含索引关键词和作者关键词）中进行定位，最终收集到 AIE 领域相关的发表文献。该序列还可以逐年滚动更新，以不断引入新的文献，便于追踪最新的研究动态。

AIE 作为与高新技术产业密切相关的新兴科研领域，目前也正在经历着从实验室科学成果转化为技术、产品的过程。为了准确地体现 AIE 科研的产业转化和产业应用价值，有效地反映当前 AIE 领域的现有技术状况，本报告还对 AIE 领域相关的专利进行了检索和聚合分析：爱思唯尔科研分析团队以 AIE 领域的关键词作为专利检索入口，同时搭配联合专利技术分类（Cooperative Patent Classification，CPC）作为限定，利用 RELX 旗下 LexisNexis 公司的专利数据库 LexisNexis® PatentSight®* 收录的全球 115 个国家/地区的专利授权机构发布的专利文件对 AIE 相关的专利进行了全面的专利检索。

经过对科研文献和专利的聚合，数据表明 AIE 领域自 2001 年以来相关发文量呈指数级增长，仅 2022 年半年发文量就超 1100 篇。同时，截至 2021 年，全球参与 AIE 领域的学者近 24000 人，参与研究的科研机构达到 2200 多个，在全球 190 多个国家中参与研究的国家达到了 76 个，相关有效专利家族达 1600 多项。AIE 领域已经发展成为一个全球关注的热点前沿领域。

本报告基于对 AIE 领域的学术产出和专利数据分析，结合国内外研究进展，对 AIE 领域进行了系统的梳理。本报告分为四章，第一章为 AIE 研究的整体科研表现概览，描述该领域近二十余年的整体科研产出情况及发展趋势，表明 AIE 研究正在快速发展并趋于国际化；第二章为 AIE 研究的科研合作表现，介绍 AIE 领域科研发展的主要合作模式，并指出未来更趋于国际/地区类型的科研合作；第三章为 AIE 领域的研究特色，通过对 AIE 领域的学科分布定位、延伸领域探索和热点研究主题的挖掘，进一步展示该领域的研究特色，说明全球 AIE 科研领域正在由源头创新期向创新密集期发展；第四章探讨 AIE 基础科研到产业应用的

---

* LexisNexis® PatentSight® 拥有全球专利评估工具 Patent Asset Index™。该工具经过系统科学开发并由 LexisNexis® PatentSight® 独家提供，从海量专利中识别高价值专利，并以此为可靠专利分析的先决条件。此外，该工具可针对竞争对手、供应商、客户、指定技术领域和新市场进入者的专利组合进行分析，以识别潜在机会和威胁。更多详情请访问：https://cn.lexisnexisip.com/products/patent-sight/。

转化潜力，通过对领域内的产学合作、学术产出与专利之间的知识流动和相关专利分析，展示出 AIE 领域正在从科研理论转化到产业应用的发展态势。

  本报告通过可视化图表和数据统计的方式客观地分析和展示了近二十余年全球以及主要国家和地区在 AIE 领域的科研文献表现、科研发展趋势和科研成果转化情况，旨在为本领域的科研发展提供科研战略规划，为领域内创新科技平台建设、人才培养和科技政策激励等提供决策支持，并通过探索领域的热点研究方向，为科研工作人员提供可参考和利用的科研基础信息。报告不免存在一定的局限性和需要完善的地方，敬请指正！

目 录

前言 / *i*

第一章 | **AIE 研究的整体科研表现** / *1*
    关键数据 / *3*
    科研整体表现 / *4*
    学者规模及地域分布 / *15*
    领先科研机构 / *20*

第二章 | **AIE 研究的科研合作表现** / *25*
    关键数据 / *27*
    科研合作和基金资助概览 / *28*
    香港科技大学合作伙伴 / *36*
    华南理工大学合作伙伴 / *39*

第三章 | **AIE 领域的研究特色** / *43*
    关键数据 / *45*
    AIE 研究的学科分布 / *46*
    AIE 研究的延伸领域 / *49*
    全球热门研究主题视角下的 AIE 研究 / *52*

第四章 | **AIE 基础科研到产业应用的转化** / *63*
    关键数据 / *65*
    AIE 研究的产学合作 / *66*
    AIE 研究的专利引用 / *70*
    AIE 领域的专利分析 / *73*

聚集诱导发光
中国原创　世界引领——二十年征程巡礼

结语 / *81*

附录 / *87*

附录 A　关键词序列方法论及详细序列 / *89*

附录 B　Scopus 数据库 / *96*

附录 C　SciVal 数据库 / *97*

附录 D　LexisNexis® PatentSight® 专利数据库及专利检索 / *98*

附录 E　定量指标说明 / *102*

附录 F　对标国家及地区说明 / *105*

附录 G　ASJC 学科说明 / *106*

附录 H　全球 AIE 领域发文量或被引次数前五十机构 / *107*

附录 I　对标国家和国内区域发文量前十机构 / *110*

关于爱思唯尔 / *116*

第一章
AIE 研究的整体科研表现

第一章　AIE 研究的整体科研表现

关键数据

8 843
2001~2021 年 AIE 领域总发文量

1.9
2001~2021 年归一化引文影响力（Field Weighted Citation Impact，FWCI*）

44.9%
2001~2021 年间发文量年均复合增长率

304 862
2001~2021 年间 AIE 领域发文总被引次数

23 900
2001~2021 年间 AIE 领域内所有参与科研发文的作者数量

香港科技大学
2001~2021 年间 AIE 领域内发文量最高的机构

410
2001~2021 年前 1% 高被引文献数，占 AIE 总发文 4.6%

2 883
2001~2021 年前 10% 高被引文献数，占 AIE 总发文 32.6%

3 854
2001~2021 年间 AIE 领域内通讯作者数量

19 897
2001~2021 年间 AIE 领域内活跃作者†数量

---

* FWCI 指标阐述详见本章"科研整体表现"一节，计算方式详见附录 E。
† 活跃作者定义详见本章"学者规模及地域分布"一节。

科研整体表现

学术产出，即科研文章的发表量，定义为在特定研究领域和固定时间段内被评估主体发表在包含期刊文章、会议文集、综述文章、丛书上的所有文章的总量，在一定程度上代表了科研工作者在该研究领域内的生产力。除了利用学术产出对科研的规模性进行评估，对科研文献的学术影响力进行评估，则从另一个角度体现了领域的科研发展状况。

本节将分析 2001~2021 年全球聚集诱导发光（Aggregation-Induced Emission，AIE）领域内的学术产出和科研影响力，重点关注 AIE 领域研究在全球主要国家/地区发文量和科研影响力的整体表现与变化趋势。

科研整体表现分析表明：

全球 AIE 领域内的科学研究从 2001 年开始以每年递增的趋势发展，并在近十年间（2012~2021 年）呈现高速增长状态，近十年的文章数量占据了已发表文章的 95.8%。

AIE 领域相关文献的科研影响力较为突出，2001~2021 年间的文献归一化引文影响力（FWCI）达到 1.9，接近全球全学科发文平均影响力的 2 倍。

全球 AIE 相关文献发表集中在中国：随着中国经济的飞速发展和基础科学研究持续投入，中国在近二十余年发表了 6602 篇与 AIE 相关的文献，占全球 AIE 相关文献 74.7%。随着 AIE 研究的不断发展，对 AIE 领域进行探索的国家和地区也越来越多；到 2021 年为止，共有 76 个国家/地区发表过与 AIE 相关的研究，AIE 研究趋于国际化。

第一章 AIE 研究的整体科研表现

一、整体学术产出

（一）AIE 领域全球科研产出表现

2001~2021 年间，AIE 相关研究发文量不断高速增长。如图 1.1 所示，在过去二十余年，全球 AIE 领域的发文量不断增加，从 2001 年的 1 篇增长至 2021 年的 1673 篇，二十一年间共发文 8843 篇，年均复合增长率（Compound Annual Growth Rate, CAGR*）达到 44.9%。

从年度变化趋势可以看出，全球 AIE 领域在近十年（2012~2021 年）的发文增速与前十一年（2001~2011 年）相比，发展速度更快：从 2001 年的 1 篇到 2011 年的 128 篇，增长了 127 篇文献；而 2021 年当年已达 1673 篇，较 2012 年的 191 篇的基础上增加了 1482 篇。AIE 领域在近十年相关发文总量为 8470，占全球 AIE 领域所有发文的 95.8%，说明该领域的主要科研产出都集中在近十年，而且从趋势中也可以发现 AIE 研究正处在高速发展的增长期。

图 1.1　AIE 领域内全球每年发文数量（2001~2021 年）

---

* 年均复合增长率计算方式详见附录 E。

（二）对标国家/地区学术产出表现

随着 AIE 领域的不断发展，全球参与 AIE 领域研究的国家/地区也越来越多。近二十余年发表的 8843 篇文献中，全球 190 多个国家/地区中共有 76 个国家/地区发表过与 AIE 相关的研究，显示出越来越多的国家/地区开始关注该领域的研究发展并加入研究，证明由中国人开创并引领的 AIE 领域研究发展持续呈国际化趋势。

AIE 领域学术产出主要对标国家*的发文量变化趋势如图 1.2 所示，中国是该领域的发文量最高的国家，毫无疑义地引领了全球基础科研成果的增长。在 2001~2021 年间，中国在该领域的发文量由 2001 年的 1 篇†，增长至 2021 年的 1272 篇，年均复合增长率达 43.0%，与全球平均水平（CAGR 为 44.9%）相近，高于其他主要对标国家。在过去二十余年间中国共发表 6602 篇 AIE 相关文献，占全球 AIE 文献的 74.7%。可以说，AIE 领域在中国起源，中国又带动了该研究在亚太地区乃至全球的增长和发展，是真正的原创"领跑"。

所选的其他对标国家在该领域的发文总体上呈增长趋势。其中，印度在该领域的学术产出总量位居第二，在 2001~2021 年间共发表了 768 篇文献；其次是日本、美国和新加坡，分别在该领域发表了 430、429 和 351 篇相关文献。

大多数国家的发文在 2012 年开始显著增加，在所选的其他对标国家中印度是近些年增速最快的国家，2021 年在该领域发表了 153 篇相关文献，较 2012 年增加了 141 篇；日本关注 AIE 研究相对较早，从 2008 年开始已经体现出显著增长，且多年保持全球发文量第三位；美国在该领域近十年的增速较为突出，并在 2021 年超过日本，发文总量跃居第三；韩国在 2021 年的发文在所有国家中位居第五，超过了新加坡。

---

* 本报告选取的对标国家包含澳大利亚、加拿大、中国、德国、印度、日本、韩国、新加坡、英国和美国。

† Luo J, Xie Z, Lam J, et al. Aggregation-induced emission of 1-methyl-1,2,3,4,5-pentaphenylsilole. Chemical Communications, 2001(18): 1740-1741. doi:10.1039/b105159h.

第一章　AIE 研究的整体科研表现

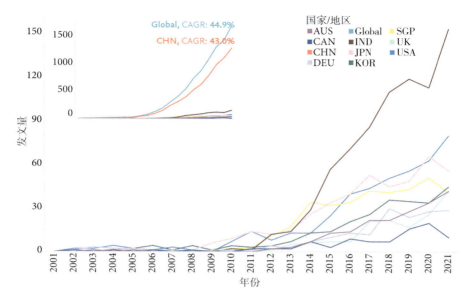

图 1.2　全球及对标国家在 AIE 领域的发文趋势和年均复合增长率（CAGR，2001~2021 年）
AUS- 澳大利亚，CAN- 加拿大，CHN- 中国，DEU- 德国，IND- 印度，JPN- 日本，KOR- 韩国，SGP- 新加坡，UK- 英国，USA- 美国，Global- 全球；CAGR 表示年均复合增长率，详细计算方式参见附录 E

在全球区域发文量上，如图 1.3 所示，在 2001~2021 年间，亚太地区（不含中国境内）*累计发表 3268 篇相关文献，占全球该领域所有发文的 37.0%，也是 AIE 文献增长速度最快的区域；欧洲和北美地区†在该领域发文数量相对较少，在近二十余年分别产出 824 篇和 510 篇相关文献，发文量年均复合增长率为 26.6% 和 19.6%；无论从数量到增速上，均低于中国水平，显示出该领域由中国科学家持续引领。

---

* 为了体现中国境内（中华人民共和国出入境管理和中国海关等部门目前所管辖范围之内的地区，不包含香港特别行政区、澳门特别行政区和台湾地区）发文与亚太其他地区发文的对比，特将香港、台湾和澳门地区放入本报告所定义的对标地区——亚太地区。亚太地区（不含中国境内）包含的具体国家和地区名单详见附录 F。
† 欧洲和北美地区具体国家名单详见附录 F。

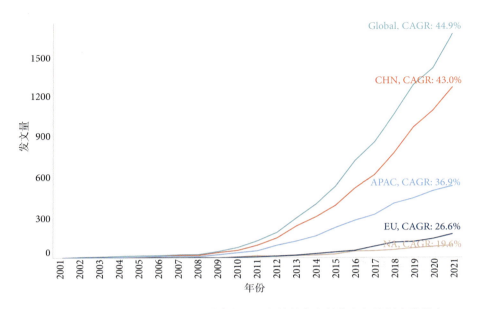

图 1.3　全球、中国及对标国际区域*在 AIE 领域的发文趋势和年均复合增长率
（CAGR，2001~2021 年）

APAC- 亚太地区（不含中国境内），CHN- 中国，EU- 欧洲地区，Global- 全球，NA- 北美地区

如图 1.4 所示，国内各主要地区在 AIE 领域的学术产出在近些年也呈现高速发展趋势。2001~2021 年，长三角地区发表 1936 篇 AIE 相关文献，是发文量最高的国内地区；其次，是京津冀和珠三角地区，发文总量分别为 1766 篇和 1601 篇，均超过了欧洲和北美洲的发文总和。长三角、珠三角以及京津冀地区的发文量增长趋势相似，其中长三角地区发文从 2013 年开始迅速增长，并在 2018 年超过京津冀成为国内发文量最高的地区。另外，中国香港在 2001~2014 年间发文增速与中国内地三大区域相近，2014 年之后发文增速开始减缓；中国台湾发文量最少，共发表了 237 篇 AIE 文献，且中国台湾的发文增速相比中国大陆其他区域也较为缓和，仍高于欧洲和北美。

---

* 本报告选取的对标国际区域包含亚太地区（不含中国境内）、欧洲地区和北美地区，各地区的具体国家名单详见附录 F。

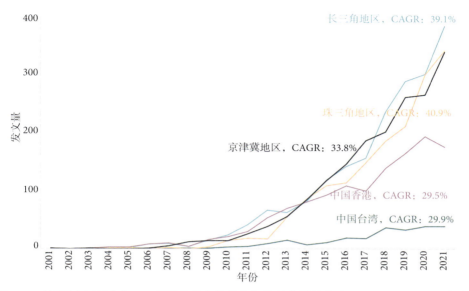

图 1.4 对标国内区域*在 AIE 领域的发文趋势和年均复合增长率（CAGR，2001~2021 年）

二、科研影响力

科研影响力在一定程度上可以借由定量指标"被引次数"和"归一化引文影响力（Field Weighted Citation Impact，FWCI†）"进行评估。被引次数可在一定程度上反映被评估主体发表文献的学术影响力，但是受发表时间、文章类型、学科特性的影响，被引次数在评估效应上具有一定限制性。因此，本报告在评估科研影响力时主要使用归一化引文影响力指标 FWCI，作为科研影响力的一个评价指标进行横向和纵向比较。

FWCI 通过对比被评估主体发表文献所收到的总被引次数与其同类型、相同发表年份和相同学科领域文献所收到的平均被引次数计算得来。即 FWCI 利用其归一化特性，体现了文献被引次数的相对值表现，能够更好地规避不同规模的发表量、不同学科被引特征以及不同发表年份带来的被引数量差异。如果 FWCI 为"1"，就意味着被评估主体的文献被引次数正好等于整个 Scopus 数据库同类型

---

* 本报告选取的对标国内区域包含长三角地区、京津冀地区、珠三角地区、中国香港和中国台湾，各地区所包含省市范围详见附录 F。

† FWCI 指标阐述及计算方式详见附录 E。

文献的平均水平；如果 FWCI 大于"1"，就说明被评估主体的文献的水平高于该领域同期研究的平均水平。

如图 1.5 所示，按照 FWCI 计算方式，2001~2021 年间，全球 AIE 相关文献的 FWCI 为 1.9，即 AIE 领域研究产出的被引次数是全球学科领域文献平均水平的 1.9 倍，意味着该领域研究有着较高的科研影响力。在选定的对标国家中，受发文体量等因素影响，新加坡的学术影响力最高，FWCI 达 3.7；其次是美国、中国和英国，FWCI 分别为 2.2、2.1 和 2.1，均高于该领域全球平均水平。其他对标国家的 FWCI 在 1.3~1.9，而其中印度的 FWCI 仅为 1.3，低于该领域的全球平均水平。

从篇均被引次数看，在 2001~2021 年间，新加坡的篇均被引次数在所有对标国家中也是最高的，达 77.7 次 / 篇；其次是美国和中国，篇均被引次数分别为 45.5 次 / 篇和 36.7 次 / 篇，均高于全球该领域平均水平（34.5 次 / 篇）；韩国的篇均被引次数位居第四（33.7 次 / 篇），其他国家的篇均被引次数在 19.5~33.5；而印度篇均被引次数仅为 19.5 次 / 篇，但仍高于全球全学科篇均被引次数（17.4 次 / 篇）。以上均说明 AIE 的相关研究关注度较高。

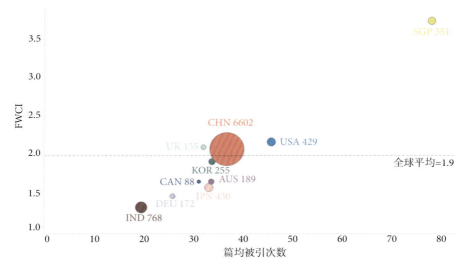

图 1.5　中国及主要对标国家在 AIE 领域的学术产出、篇均被引次数及归一化引文影响力（FWCI）对比（2001~2021 年）

圆圈大小表示该国家的发文量，圆圈越大发文量越高

AUS- 澳大利亚，CAN- 加拿大，CHN- 中国，DEU- 德国，IND- 印度，JPN- 日本，KOR- 韩国，SGP- 新加坡，UK- 英国，USA- 美国

第一章 AIE 研究的整体科研表现

在国际区域，亚太地区（不含中国境内）的科研影响力相对较高 [图 1.6(a)]，FWCI 为 2.3，略高于发文体量巨大的中国在该领域的科研影响力水平；其次是北美地区，其 FWCI 为 2.1，与中国科研影响力水平相当；二者均超过该领域全球平均水平（FWCI=1.9）。欧洲地区的 AIE 文献的学术影响力较低，其 FWCI 仅为 1.7。从篇均被引次数来看，各国际地区的篇均被引次数排名与其 FWCI 高低一致，亚太地区（不含中国境内）的篇均被引次数最高，达 47.9 次 / 篇，其次是北美和欧洲地区，分别为 42.8 次 / 篇和 27.5 次 / 篇。

在国内地区，中国香港的 AIE 科研产出学术影响力最高 [图 1.6(b)]，其 FWCI 为 3.3，篇均被引次数为 76.7 次 / 篇，在所有对标对象中仅次于新加坡；其次是珠三角地区，FWCI 为 2.8；与图 1.6(a) 中的世界范围内区域相比，中国香港和珠三角地区的学术影响力水平高于亚太地区（不含中国境内）、欧洲和北美地区平均水平。长三角地区（FWCI=2.2）和京津冀地区（FWCI=2.2）在 FWCI 和篇均被引次数上都水平相当，其中长三角地区的篇均被引次数为 40.1 次 / 篇，京津冀地区为 38.2 次 / 篇，且与中国和北美地区的平均水平相近，高于该领域全球平均水平，说明其 AIE 科研产出的学术影响力较为接近。中国台湾在国内区域的比较中位居最末，其 FWCI 为 1.8，低于该领域全球平均水平，篇均被引次数为 24.1 次 / 篇。

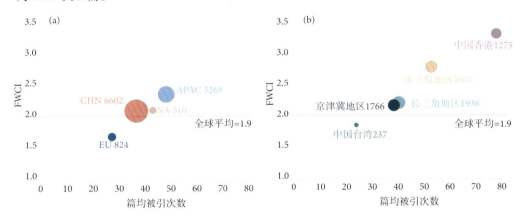

图 1.6　中国与国际地区在 AIE 领域的学术产出、篇均被引次数及归一化引文影响力（FWCI）的对比（a）以及中国国内各地区在 AIE 领域的学术产出、篇均被引用次数和归一化引文影响力（FWCI）的对比（b）（2001~2021 年）

APAC- 亚太地区（不含中国境内），CHN- 中国，EU- 欧洲地区，NA- 北美地区

三、高被引文献产出

高被引文献的发文表现可以反映被评估主体的卓越学术影响力。本报告主要关注前 1% 或 10% 高被引文献，即将全球同年度、同学科、同类型文献按照被引频次降序排名，选取引用次数达全球前 1% 或 10% 的文章。

2001~2021 年，全球累计有 410 篇 AIE 文献为前 1% 高被引文献，占本领域所有发文量的 4.6%，显著高于全球所有学科平均值（1%）；2883 篇为前 10% 高被引文献，占本领域所有发文的 32.6%，显著高于全球所有学科平均值（10%）。这也从一个侧面说明 AIE 领域的科研产出普遍具有较高的学术影响力，在科研界获得较高认可与关注。

从发文前五国家的高被引文献变化趋势（图 1.7）来看，中国一直是该领域高被引文献产出最多的国家，这也与中国在该领域的高产出表现相一致。在过去二十余年，中国累计有 349 篇 AIE 文献为前 1% 高被引文献，占其 AIE 所有发文的 5.3%；累计有 2347 篇前 10% 高被引文献，占中国 AIE 所有发文的 35.5%，分别高于该领域前 1% 和前 10% 高被引文献占比的全球平均水平，说明中国在 AIE 领域内的发文整体都具有较高的科研影响力。并且，中国的高被引文献数还在不断高速增长，将会不断拉高中国在 AIE 领域内的整体科研影响力。

除中国外，在其他对标国家中，新加坡的高被引文献最多，在 2001~2021 年间，累计发表 46 篇前 1% 高被引文献，228 篇前 10% 高被引文献（占新加坡所有 AIE 文献的 65.0%），这也进一步印证了新加坡在该领域学术产出的高影响力水平。印度和美国的高被引文献数呈波动增长。在 2001~2021 年，印度累计发表了 171 篇前 10% 高被引文献，其中在 2021 年产出的高被引文献数最多；美国累计发表了 151 篇前 10% 高被引文献，在 2019 年和 2021 年高被引文献产出最多，均达到了 22 篇；日本累计发表了 122 篇前 10% 高被引文献，在 2017 年产出最多。

第一章 AIE 研究的整体科研表现

图 1.7 中国及主要对标国家在 AIE 领域的前 1%/10% 高被引文献变化趋势（2001~2021 年）
折线图中的数字代表各国在历年中高被引文献数的最高值
CHN- 中国，IND- 印度，JPN- 日本，USA- 美国，SGP- 新加坡

在中国国内地区层面，2001~2021 年间，各地区的高被引文献数总体上呈增长趋势（图 1.8），香港和珠三角地区的前 1% 高被引文献产出相对较高，分别累计发表 164 篇和 143 篇前 1% 高被引文献，而京津冀地区和长三角地区的前 1% 高被引文献的变化趋势相似。

在前 10% 高被引文献产出方面，京津冀地区和香港的增长趋势相似，分别累计发表了 644 篇和 687 篇前 10% 高被引文献；珠三角地区和长三角地区的前 10% 高被引文献数均在 2016 年之后迅速增长。台湾的高被引文献数相对较少，在 2001~2021 年间，发表了 11 篇前 1% 高被引文献，64 篇前 10% 高被引文献。

聚集诱导发光
中国原创 世界引领——二十年征程巡礼

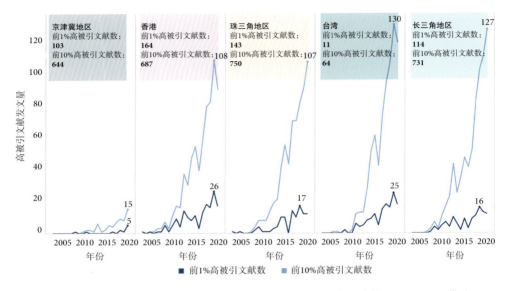

图 1.8 中国各地区在 AIE 领域的前 1%/10% 高被引文献变化趋势（2001~2021 年）

折线图中的数字代表各地区在历年中高被引文献数的最高值

学者规模及地域分布

科研人才是推动科学研究的重要力量,是科研机构的重要组成部分,也是推进科学事业进步发展的重要因素。了解科研人才的分布特征将为引进和培养高端人才提供策略支撑。

本节从参与 AIE 领域发文的学者数量和地域分布角度,从不同类型学者,即至少参与一篇发文的作者、通讯作者和活跃作者* 来评估中国及对标国家的表现和不同。

学者规模及地域分布分析表明:

过去二十余年,越来越多的科研人员参与或从事 AIE 相关工作。与中国是该领域的主要发文国家的情况一样,中国的作者数量同样占据该领域所有作者的最大比重,达到 70%。其他对标国家作者数量也在二十余年间不断增长,印度为该领域作者数量增长速度最快的国家。

大部分国家倾向于多作者合作发表文章,2012~2021 年间,全球 AIE 领域文献的篇均作者数为 6.4 位 / 篇,而中国香港作者的人均发文量最高,平均每位作者发表 2 篇 AIE 相关文献。

一、AIE 领域学者变化趋势

在过去二十余年,共有 23900 位作者发表了 AIE 相关研究;且全球发表 AIE 相关文献的作者[†] 数量持续增长(图 1.9),从 2001 年的 11 位增长至 2021 年的 7713[‡] 位,年均复合增长率(CAGR)达到 38.8%。从人数年度变化的曲线走势可以看出,全球 AIE 领域的作者数量在后十年的增速与前十一年相比更快。

---

* 活跃作者定义见本节第二小节。
† 只要作者的名字出现在文章的作者署名处,该作者便会被统计为一篇文章的发文作者。
‡ 该数据基于 Scopus 数据库对于作者的数量统计,存在小幅度合理误差。

2001~2011年间每年平均增长41位作者，2012~2021年间每年平均增长704位作者。

主要对标国家在作者数量的变化趋势与全球变化趋势一致，均在后十年迅速增长。其中，由于中国是该领域的主要发文国家，其作者数量同样在该领域具有最大规模，且增长速度较快，从2001年的11位增长至2021年的5696位，CAGR达到36.7%。印度在该领域的作者数量也在持续不断增长，从2012年开始突破个位数到2021年有468位作者在该领域发文，其CAGR达到43.6%。韩国在该领域的作者数量增长趋势也较快，CAGR为30.0%；其次是发文总量处在前五的新加坡和日本，其作者数量的CAGR分别为29.2%和27.9%。

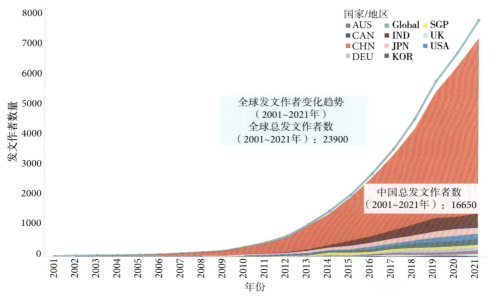

图1.9　全球及主要对标国家参与发表AIE相关文献的作者数量变化趋势（2001~2021年）

中国是该领域作者数量最多的国家，2001~2021年间，累计有16650位作者来自中国（表1.1），占该领域全球所有科研人员的69.7%。从对标国家作者总数分布来看，除中国外，印度、日本、美国的作者数量在对标国家中也相对较多，作者总数分别为1643位、944位和887位，这些也是发文量前五的国家。作者数量排名其次的依次为韩国、德国、新加坡、澳大利亚、英国和加拿大，其中发文量排名第五的新加坡的作者数量为363位，在所有对标国家中位居第七，说明其人均产出相对较高。

表 1.1 中国及主要对标国家发表 AIE 相关文献的作者总数及其年均复合增长率
（2001~2021 年）

对标国家	作者人数	作者数年均复合增长率（CAGR，2001~2021 年）
中国	16650	37%
印度	1643	44%
日本	944	28%
美国	887	21%
韩国	651	30%
德国	408	20.93%
新加坡	363	29%
澳大利亚	286	24%
英国	231	49.76%
加拿大	190	9%

从人均发文的角度来看，新加坡人均发文量为 1.0 篇 / 人，英国和澳大利亚的人均发文数均为 0.7 篇 / 人，美国、印度、加拿大和日本均为 0.5 篇 / 人；中国的作者人均发文量与韩国和德国相当，为 0.4 篇 / 人。以上均显示出 AIE 领域内存在着广泛的科研合作，且这些科研合作很有可能来自其他领域的研究人员，即 AIE 领域研究具有广泛的学科交叉性。

从每篇文章的平均作者数来看，2012~2021 年间，全球 AIE 领域文献的篇均作者数为 6.4 位 / 篇，即平均每篇文章约有 6~7 位作者参与，说明在 AIE 领域内的研究倾向于以多作者合作形式发表。中国在 AIE 领域的篇均作者数为 6.9 位 / 篇，高于该领域全球平均水平，且近十年中国在该领域的篇均作者数在不断增长，从 2013 年的 6.0 位 / 篇增长至 2020 年的 7.2 位 / 篇，说明中国在 AIE 领域内进行研究的科研人才在不断增加、科研团队中不断有青年学者涌入，多学科交叉合作促进，探索多领域应用，且合作规模也在逐渐扩大。

从学者从属机构的角度来看，全球 AIE 领域文献在近十年的篇均机构数为 2.2，即平均每篇文章约有 2~3 个机构的科研团队参与合作发表。中国在 AIE 领域的篇均机构数与全球平均水平相近，为 2.3 个，且近十年间维持在 2.1~2.4 之间，这显示出 AIE 领域内在近十年始终保持着科研合作的跨机构特性。

在全球区域中，亚太地区（不含中国境内）的作者数量增长速度最快 [图 1.10(a)]，在 2001~2021 年间，亚太地区（不含中国境内）的作者数量从 2001 年的 8 位增长至 2021 年的 1404 位，CAGR 为 29.5%，共有 5011 位作者发表过 AIE 相关研究；其次是欧洲和北美地区，作者数量分别为 1977 位和 1075 位，CAGR 分别为 23.2% 和 17.4%。

在国内地区中，长三角地区的作者数量最多且增长速度最快 [图 1.10(b)]，在近二十余年，有 4258 位来自长三角地区的作者发表过 AIE 相关研究，CAGR 为 38.3%。其次是京津冀地区和珠三角地区，作者数量分别为 3269 位和 1947 位。中国香港作者数量位居第四，共有 602 位作者发表过相关研究，但增速相对较低，CAGR 为 17.4%。中国台湾在该领域的作者数量最少，在近二十余年，共有 449 位作者发表过相关研究，CAGR 为 25.9%。

值得一提的是，中国香港在所有对标区域中人均产出最高，达到 2.1 篇 / 人，高于对标国家中人均产出最高的新加坡。而其他地区的人均产出多在 0.4~0.8 篇 / 人之间，如欧洲的人均产出为 0.4 篇 / 人，京津冀地区、长三角地区和中国台湾均为 0.5 篇 / 人，珠三角地区的人均产出为 0.8 篇 / 人。

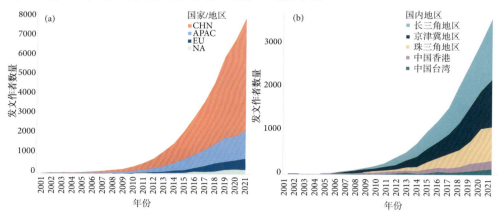

图 1.10　全球区域发表 AIE 相关文献的作者数量变化趋势（a）以及中国各地区发表 AIE 相关文献的作者数量变化趋势 (b)（2001~2021 年）

APAC- 亚太地区（不含中国境内），CHN- 中国，EU- 欧洲地区，NA- 北美地区

二、通讯作者及活跃作者表现（2012~2021年）

通讯作者常被视为论文的学术责任人和对外联系人，通常是科研项目的主要负责人，在论文的选题设计以及后期的研究、创作和修改中担当领导者和主要作用者。本报告统计的通讯作者是在2012~2021年，至少以通讯作者发表过1篇被Scopus收录的AIE文献的作者。

活跃作者统计的是从2001年至今至少发表过10篇及以上被Scopus收录的文献，或者在最近五年（2017~2021年）至少发表过一篇被Scopus收录的文献的作者。通过发文数量对作者的产出进行最低限制，可以发现本领域内较为核心的研究人员。

从各对标国家的通讯作者和活跃作者总数分布可以看出（表1.2），在对标国家中，中国的通讯作者数量和活跃作者数量远超对标国家，这与中国的发文量和作者总数在该领域均占据较大比重的分析结果一致，也进一步说明中国是AIE领域的主要贡献国。在其他对标国家中，印度、日本、美国的通讯作者数量和活跃作者数量排名与国家的发文量排名保持一致，其活跃作者数量分别为1396位、676位、631位。发文量位居第五的新加坡的通讯作者数和活跃作者数较少，在2012~2021年间，仅有49位通讯作者和266位活跃作者。韩国在AIE领域进行研究的通讯作者数和活跃作者数则排在了第五位，分别为103位和512位。

表1.2 中国及主要对标国家发表AIE相关文献的通讯作者总数与活跃作者总数对比（2012~2021年）

对标国家	活跃作者数量	活跃作者发文数量	通讯作者数量	通讯作者发文数量
中国	14152	6261	2623	5846
印度	1396	744	326	700
日本	676	369	172	345
美国	631	354	143	196
韩国	512	229	103	189
德国	335	142	62	103
新加坡	266	341	49	231
澳大利亚	259	180	42	99
英国	206	142	42	51
加拿大	140	73	35	51

聚集诱导发光
中国原创　世界引领——二十年征程巡礼

领先科研机构

科研机构是科学研究产出的最主要单位，通常涵盖了高等院校和科研院所，是国家的战略科技力量和国家竞争力的集中体现，在国家创新体系中发挥着骨干引领作用。科研机构不但承担着开展重大前沿研究，乃至开展技术转移与技术服务的任务，而且负责培养创新人才和建设创新平台，在国家科技布局中发挥着基础和核心作用。因此，对于研究领域内领先科研机构的定位及评估，将有助于引导科研机构服务国家目标，提升核心竞争力，建立完善的科研激励机制、管理模式、科研经费配置和人才建设，从而进一步促进学科的建设和发展。

本节聚焦全球及对标国家在 AIE 领域的领先科研机构，从科研产出和科研影响力两个角度进行对比分析。

领先科研机构分析表明：

AIE 领域内发表论文的科研机构有明显的集中性：全世界发文量前十的科研机构总发文占整个领域发文的 36.8%。同时，发文量前十的科研机构中有九个来自中国。全球来看，香港科技大学和华南理工大学是本领域发文量最高的两个机构。

在其他国家的主要发文机构中，新加坡国立大学在该领域发文量最突出，也是 AIE 领域发文前十机构中的唯一非中国机构。

一、AIE 领域发文量或总被引次数位居前十机构

2001~2021 年全球 AIE 文献发文量和总被引次数前十的机构如图 1.11 所示，发文量前十的机构中有九所机构来自中国，总被引次数前十的机构中有八所机构来自中国。其中，香港科技大学和华南理工大学的 AIE 文献数量最多，是唯二发文超过 1000 篇的机构，分别发表 1185 和 1052 篇 AIE 文献。中国科学院位居第三，

发文量为 755 篇。

在总被引频次方面，排名前三的机构分布与发文量排名一致，浙江大学和新加坡国立大学（National University of Singapore）分别位居第四、五位，发文量相对较高的吉林大学在总被引次数上相对较低，仅位列第六。发文量排名第二十位的新加坡科技研究局（Agency for Science, Technology and Research）的总被引次数相对较高，排名第八。

在高被引文献产出方面，发文量前三的机构也是高被引文献排名前三的机构，其中香港科技大学在 2001~2021 年间累计产出 162 篇前 1% 高被引文献，653 篇前 10% 高被引文献（含前 1% 高被引文献）。华南理工大学累计产出 522 篇前 10% 高被引文献，107 篇前 1% 高被引文献。此外发文量排名第七的新加坡国立大学在高被引文献数上产出较多，其前 10% 高被引文献数在发文量前十机构中排名第四，仅次于发文量前三机构。

图 1.11　全球发表 AIE 相关文献总发文量、总被引次数前十的机构的学术产出、总被引次数、高被引文献数（2001~2021 年）

二、中国在 AIE 领域发文量前十机构（2012~2021 年）

中国是 AIE 领域的主要产出国家，对中国的高产出科研机构在 AIE 相关学术产出与科研影响力方面进行对比分析，可以进一步了解中国在 AIE 领域的科研表现。如图 1.12 所示，2012~2021 年中国在 AIE 领域的前五高产出机构与全球在 2001~2021 年的前五高产出机构分布一致。香港科技大学是中国在该领域发文最多的机构，该机构的发文量、总被引次数、高被引文献数均位居第一，在近十年发表 1090 篇 AIE 文献，其中有 134 篇为前 1% 高被引文献，590 篇为前 10% 高被引文献。其次是华南理工大学、中国科学院、吉林大学和浙江大学，在 AIE 领域分别发表了 1046 篇、713 篇、402 篇和 305 篇文献。对比上文的图 1.11 可知，中国在该领域内的高产出机构发文都主要集中在近十年。

在总被引频次方面，排名前五的机构与发文量排名领先的机构一致，这也说明这些机构在 AIE 领域的绝对实力。发文量排名第十的华中科技大学在总被引次数上相对较高，位列第八，在 2012~2021 年间累计发表 199 篇 AIE 文献，总被引次数为 6797 次。

图 1.12　中国发表 AIE 相关文献总发文量前十机构的学术产出、总被引次数、高被引文献数（2012~2021 年）

从高被引文献数量来看，除发文量位居前五的机构外，北京大学和深圳大学的高被引文献数量相对较高，均发表了 110 篇前 10% 高被引文献，位居第六。

三、AIE 领域发文量前五国家的高产出机构

鉴于中国的科研机构在 AIE 产出上主导，为了更多地展现出其他对标国家的高产出机构，图 1.13 分别列出了在 AIE 领域除中国以外发文量位于前五国家的发文前五机构。从机构发文数量对比可以看出，印度、日本和美国的发文量排名前五的机构之间差距不大，发文量依次递减。

新加坡在 AIE 领域的发文主要集中在排名前两位的机构中。新加坡国立大学在除中国外所有对标国家的高产出机构中位居第一，在 2012~2021 年间，共发表了 294 篇 AIE 文献，其中有 42 篇前 1% 高被引文献，197 篇为前 10% 高被引文献，与中国的部分高产出机构产出相当。其次是新加坡科技研究局，发文量为 144 篇。排名第三至第五的机构分别依次为南洋理工大学（Nanyang Technological University）、新加坡科技设计大学（Singapore University of Technology and Design）和新加坡国家眼科中心（Singapore National Eye Center），发文量分别为 46 篇、19 篇和 3 篇，均不足 50 篇。

印度的发文量前五机构为：印度皮拉尼比尔拉理工学院（Birla Institute of Technology and Science Pilani）、印度科学与创新研究院（Academy of Scientific and Innovative Research）、印度理工学院古瓦哈提分校（Indian Institute of Technology Guwahati）、阿姆利泽纳那克大学（Guru Nanak Dev University）和印度科学研究所班加罗尔（Indian Institute of Science Bangalore），分别发表 58 篇、48 篇、46 篇、40 篇和 40 篇 AIE 文献，其中印度科学研究所班加罗尔的高被引文献数最多，有 19 篇为前 10% 高被引文献。

图 1.13　印度、日本、美国及新加坡的学术产出、总被引次数、高被引文献数（2012~2021 年）

日本的发文量最高的机构为京都大学（Kyoto University），在 AIE 领域发表 75 篇文献，在除中国以外所有对标国家的高产机构中发文量位居第三，其中有 29 篇为前 10% 高被引文献。其次是大阪大学（Osaka University）、九州大学（Kyushu University）、东京工业大学（Tokyo Institute of Technology）和北海道大学（Hokkaido University），分别发表了 41 篇、40 篇、39 篇和 33 篇 AIE 文献。

美国的发文量前五机构为：犹他大学（University of Utah）、弗吉尼亚大学（University of Virginia）、麻省理工学院（Massachusetts Institute of Technology）、南佛罗里达大学（University of South Florida）和爱荷华大学（University of Iowa），分别发表 25 篇、20 篇、18 篇、17 篇和 12 篇 AIE 文献。其中高被引文献产出最多的机构为犹他大学，发表了 21 篇前 10% 高被引文献，也是前五机构中高被引论文比例最高的学校（84%）。

第二章
AIE 研究的科研合作表现

第二章　AIE 研究的科研合作表现

关键数据

41.2% 和 1.7
2012~2021 年 AIE 领域文献的国内合作率（高于全球平均水平 31.2%）和相应的 FWCI

27.6% 和 2.6
2012~2021 年 AIE 领域文献的国际 / 地区合作率（高于全球平均水平 19.5%）和相应的 FWCI

43.2% 和 1.8
2012~2021 年中国在 AIE 领域文献的境内合作率和相应的 FWCI

30.9% 和 2.8
2012~2021 年中国在 AIE 领域文献的境外合作率和相应的 FWCI

香港科技大学
为 2012~2021 年间 AIE 领域发表的国际 / 地区合作（含中国境内）文献最多的机构，共发表了 1071 篇国际 / 地区合作（含中国境内）文献

中国科学院
为 2012~2021 年间 AIE 领域发表的国内合作文献最多的机构，共发表了 508 篇国内合作文献

华南理工大学
是 2012~2021 年间香港科技大学合作最密切的机构，累计合作发表 796 篇文献

国家自然科学基金委
为 2012~2021 年间资助 AIE 研究产出最多的科研基金机构，共有 4192 篇文献受到该机构资助

科研合作和基金资助概览

对于当前不断深入的科学研究来说，越来越复杂的全球问题往往需要不同地区或领域的科学家共享知识和资源才能够解决。开展各种形式的科研合作不仅能有效促进知识的流动与共享，还能激发创新，为科研提供新的视角。并且，不同地区、国家之间的科研合作往往会比独立研究带来更广泛的学术和社会影响力。由此可见，科研合作表现是关注研究领域发展的重要维度。

本节关注 2012~2021 年间 AIE 相关文献的合作发表情况。根据科研文章发表时作者的数量以及从属机构的类型可将科研文章分为四个合作类型：国际/地区合作、国内合作、机构内合作、独立研究[*]，以此分析全球和各对标对象的合作发表情况、合作发展趋势以及该领域的主要合作机构。

科研合作表现分析表明：

中国的 AIE 领域研究主要以境内合作为主，但是中国香港的国际/地区（含中国境内[†]）合作率达 98%。美国和新加坡的国际/地区合作率也较高，均达到了 77%。从科研影响力来看，暂时国际/地区合作的 FWCI 均高于国内合作。因此，大力发展国际/地区类型的科研合作有利于扩大 AIE 研究的国际影响力。

香港科技大学是 AIE 领域内国际/地区（含中国境内）合作发文最多的机构，中国科学院是 AIE 领域内国内合作发文最多的机构。

---

[*] 合作类型定义详见附录 E。
[†] 中国境内，指中华人民共和国出入境管理和中国海关等部门目前所管辖范围之内的地区，不包含香港特别行政区、澳门特别行政区以及台湾地区。

一、AIE 领域研究整体合作表现

（一）科研合作类型占比

2012~2021 年间，由于中国为目前该领域发文量最大的国家，占全球 AIE 文献比例 75.0%，且中国的 AIE 领域文献主要以境内合作为主（占比 43.2%），使得全球 AIE 领域文献主要以国内合作为主，占比达到 41.2%，即有 3491 篇 AIE 文献是由同一国家或地区不同机构的作者合作发表的。其次是机构内合作，共有 2543 篇文献是由同一机构的不同学者合作发表的，占全球 AIE 文献的 30.0%；该领域文献的国际合作率为 27.6%，共有 2338 篇 AIE 文献是由跨国或跨地区合作方式发表的。

2012~2021 年间发表的 AIE 相关文献的合作类型显示（图 2.1），对标国家中，中国在 AIE 领域的国内合作发文占比最高，达 43.2%，说明中国在领域内的研究发文主要以中国境内的科研机构合作为主 *，这也带动了该领域全球产出的高国内合作占比。在对标国家中，美国和新加坡以国际 / 地区合作发文为主，其国际 / 地区合作发文占比均达 77%；印度和日本则是以机构内合作发表为主，其机构内合作发文占比分别为 48.2% 和 42.4%。这种情况，可能来源于研究课题的国际合作属性，也有可能来源于这些国家内部资源对于该领域的支持无法达到中国科研体量和能力的水平。

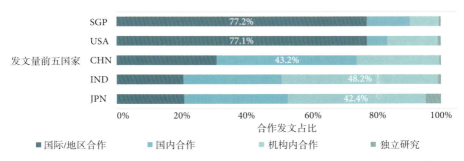

图 2.1　发文量前五国家在 AIE 领域不同合作类型文献占比分布（2012~2021 年）
SGP- 新加坡，USA- 美国，CHN- 中国，IND- 印度，JPN- 日本

---

* 鉴于各个地区较为不同的科研、教育体系，中国香港地区、中国澳门地区和中国台湾地区与中国大陆之间的科研合作在本报告的科研合作类型中划分为国际 / 地区合作（含中国境内）。

中国国内地区的科研合作类型占比分布如图 2.2 所示，珠三角地区在 AIE 领域的相关研究以境外合作为主。中国香港和中国台湾在 AIE 领域的相关研究均以国际 / 地区合作（含中国境内）为主，其中中国香港的 AIE 文献国际 / 地区合作（含中国境内）率最高，达到了 97.9%，且仅有少部分来自本地区机构内合作，这充分说明中国香港与境内高校的深入融合和平台相互支撑作用。珠三角地区的境外合作率分别为 62.3%，中国台湾的国际 / 地区合作（含中国境内）率为 55.1%；而长三角地区和京津冀地区则以境内合作为主，其中京津冀地区有 58.5% 的文献为境内合作，长三角地区的境内合作率为 42.1%；说明珠三角地区可能在推动跨境合作中具有地利优势。

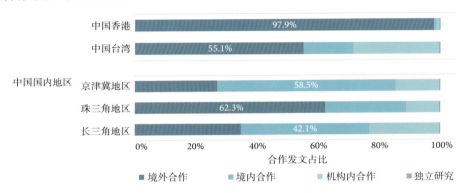

图 2.2 中国国内各地区在 AIE 领域不同合作类型文献占比分布（2012~2021 年）

（二）中国在 AIE 领域相关研究的合作趋势分析

中国是 AIE 领域的主要发文国家，本小节主要针对中国在 AIE 领域的境外合作与境内合作发文的年度变化趋势进行分析。中国在该领域境外合作和境内合作发文变化趋势如图 2.3 所示。在 2012~2021 年间，中国在 AIE 领域的境内合作发文占比呈增长趋势，其境内合作发文占比从 2012 年的 31.1% 增长至 2021 年的 49.1%。境外合作发文占比与境内合作发文相比整体略低，且 2012~2021 年间该占比在 28.1% 到 39.9% 之间波动，其中 2012 年境外合作发文占比最高，2021 年最低，这可能是由于国内科研平台水平的逐步提高和高端学术人才的回流，强化了国内科研的整体实力；但是，此水平仍高于全球所有学科国际 / 地区合作的平均水平（19.5%）。

第二章　AIE 研究的科研合作表现

图 2.3　中国在 AIE 领域发表文献的境外合作与境内合作占比及归一化引文影响力（FWCI）变化趋势（2012~2021 年）
图中的数字代表中国的境外合作与境内合作占比及 FWCI 在近十年的最大值和最小值

科研影响力方面，2012~2021 年间，中国在 AIE 领域的境外合作发文的 FWCI 分布在 2.0~4.5 之间，高于 AIE 整体文献的 FWCI 均值（1.9），而境内合作发文 FWCI 则位于 1.5~2.9 之间，部分低于整体文献均值 FWCI，且境外合作发文的科研影响力整体高于境内合作，这充分说明国际/地区或境外合作发表的文章有助于提高 AIE 文献的整体科研影响力。

二、AIE 领域内参与各类科研合作的主要机构

如图 2.4 所示，在 2012~2021 年间，AIE 领域内国际/地区合作[*]发文数量最多的机构为香港科技大学和华南理工大学，这两个机构同样也是 AIE 领域学术产出最高的两个机构，分别发表了 1071 篇和 833 篇国际/地区合作文献。其次是

---

[*] 对于中国香港、中国台湾、中国澳门地区高校，国际/地区合作专指国际/地区合作（含中国境内）；对于中国内地高校，国际/地区合作专指境外合作。

新加坡国立大学、浙江大学、中国科学院，分别在该领域发表了223篇、204篇和203篇国际/地区合作文献。

从国际/地区合作发文的学术影响力看，在发文量前十机构中，大部分机构的国际/地区合作发文的学术影响力FWCI高于3.0，高于全球AIE领域的国际/地区合作发文平均水平（FWCI=2.6），其中国际/地区合作发文学术影响力最高的机构为新加坡科技研究局，共发表了99篇国际/地区合作文献，FWCI高达4.9，其次是新加坡国立大学，其国际/地区合作发文FWCI为4.2。

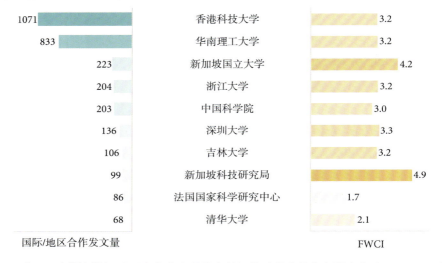

图2.4 在AIE领域国际/地区合作发文量前十的机构及其合作发文影响力（2012~2021年）

近十年AIE领域境内合作产出最多的机构为中国科学院（图2.5），在2012~2021年间，共发表了508篇境内合作文献，其次是北京大学、清华大学、华南理工大学和中国科学院大学，分别在该领域发表了196篇、174篇、160篇和158篇境内合作文献。

从境内合作发表文献的学术影响力来看，武汉大学的境内合作文献的FWCI最高，为3.0，其次是境内合作发文量排名第二的北京大学，其FWCI为2.5，其他机构的境内合作发文FWCI大部分均高于全球AIE领域国内合作发文的平均水平（FWCI=1.7）。

第二章 AIE 研究的科研合作表现

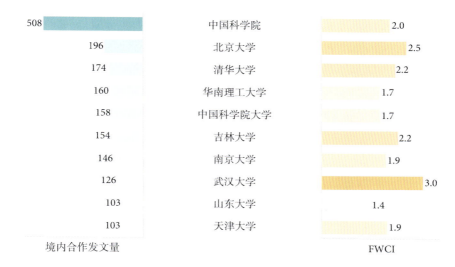

图 2.5 在 AIE 领域境内合作发文前十的机构及其合作发文影响力（2012~2021 年）

三、基金资助

科研基金是用于资助科学技术人员开展基础研究和科学前沿探索，或用于科研人才支持和团队建设的专项资金。作为对科研的投入，它也是影响学科发展的主要促进因素之一。基金组织资助的科研产出以科研论文的形式进行量化是评估资助促进科研发展的重要方面。

根据 AIE 领域 2012~2021 年间所有发表文章标注的资助机构和基金项目信息统计来看，大部分资助机构和基金项目均来自中国。在资助文献数量排名前 30 的资助机构和基金项目中，76.7% 来自中国，其中有 3 家机构来自香港地区。中国的国家自然科学基金委员会资助了最多的文献发表，资助文献数量达到了 4192 篇，具有绝对领先的地位（图 2.6）。这一方面与中国在该领域的发文量规模较大有关，同时也反映了中国对 AIE 领域研究的重视，尤其是国家自然科学基金委员会的资金投入对于 AIE 领域的基础研究提供了有力的支持。另外，按照文献自行标注的情况统计，排在其后的依次是中国的教育部、科学技术部和财政部，这些机构资助的文献产出分别为 547 篇、509 篇和 386 篇。该领域的文献也受到来自日本、印度、韩国、新加坡和美国的基金机构资助。其中，日本的学术振兴会和文部科学省资助文献数分别为 275 篇和 181 篇；印度科技部、印度科学与工业研究理事会和印度科学工程研究委员会资助文献数分别为 177 篇、176 篇和 142 篇。需要指出的是，目前统计数据仅来源于文献致谢中的基金标注，可能由于基金机构资助的项目并不仅以学术文献形式产出，且部分标注规范性相对较差，因此，以上排序仅供参考，并无法代表各国基金机构对该领域的全部资助和支持情况。

图 2.6　全球国家资助 AIE 研究学术产出前十二资助机构（2012~2021 年）

从各地区的资助基金来看（图 2.7），前十二资助机构大部分来自中国，其中中国香港的基金机构资助文献数量较多，香港创新科技署近十年共资助了 365 篇 AIE 香港文献，其次是广东省自然科学基金和香港研究资助局等资助机构，资助文献分别为 322 篇和 191 篇，中国科学院、新加坡国立大学、香港大学教育资助委员会和华南理工大学也以科研机构项目资助形式推动了该领域的发展。

第二章　AIE 研究的科研合作表现

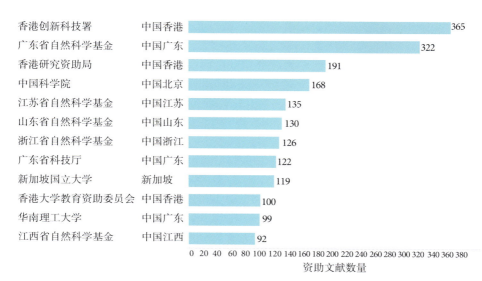

图 2.7　各地区资助 AIE 研究学术产出前十二资助机构（2012~2021 年）

从基金项目来看（图 2.8），资助文献数量较多的基金项目主要来自中国，中央高校基本科研专项资金和国家重点研发计划是资助文献较多的两个基金，在 2012~2021 年间，分别资助了 AIE 领域 692 篇和 500 篇文章。其次是中国博士后科学基金、国家重点基础研究发展规划（"973"计划），资助文献数量为 337 篇和 276 篇。该领域的研究也受到来自省份的基金项目的资助，江苏省高等学校重点学科建设、广东省科技计划项目和广东省引进创新科研团队计划分别资助了该领域 114 篇、94 篇和 68 篇文章。

图 2.8　资助 AIE 研究学术产出前八基金项目（资助文献大于 60 篇）（2012~2021 年）

香港科技大学合作伙伴

科研合作是学术成果的重要实现形式，开展更深入更广泛的科研合作将有助于取得高水平的研究成果。寻找潜在的科研合作对象也凸显为科学战略管理中的重要问题。研究一个机构当前的科研合作者，有助于了解当前机构的主要合作模式及其合作科研成果，进而帮助寻找新的潜在科研合作对象。

本节选取了近二十余年在 AIE 领域学术产出最高的机构香港科技大学作为目标机构，主要分析在 2012~2021 年间，香港科技大学在 AIE 领域的主要国际合作机构和国内合作机构及其相应的合作成果。

香港科技大学合作伙伴分析表明：

香港科技大学与华南理工大学关系最密切，两个机构在国内合作中互为最重要的合作伙伴，合作发文量在各自的合作机构当中也最高。同时二者的合作发文影响力也较高，均高于各自整体发文的科研影响力，是相互促进的合作伙伴。

在香港科技大学的所有科研合作者中，合作科研影响力最高的机构是来自新加坡的新加坡科技研究局（Agency for Science, Technology and Research），二者联合发表的科研文献都展现了较高的影响力。

一、国际合作机构

图 2.9 显示，香港科技大学的国际合作发文前十机构主要来自澳大利亚、法国、英国、新加坡和瑞典。新加坡国立大学是香港科技大学国际合作发文最多的机构，合作发表了 98 篇文献；其次是新加坡科技研究局，和香港科技大学合作发表了 71 篇。香港科技大学与这两个科研机构也产生了较高的科研影响力，FWCI 分别为 4.9 和 5.1，是所有科研合作机构中最高的两个机构。

从国际合作发文占比（该机构与香港科技大学合作发文数占该机构在 AIE

第二章　AIE 研究的科研合作表现

领域所有发文数的比重）来看，来自英国的拉夫堡大学（Loughborough University）的国际合作发文占比最高，该机构共发表了 7 篇 AIE 文献，其中有 4 篇是与香港科技大学进行合作发表的。弗林德斯大学（Flinders University）和卡罗林斯卡学院（Karolinska Institute）的国际合作发文占比也相对较高，有 50% 的 AIE 文献是与香港科技大学合作发表的。

从合作发文的学术影响力来看，除新加坡国立大学和新加坡科技研究局之外，杜伦大学（Durham University）的 FWCI 相对较高，为 4.7，但文章数量仅为 4 篇；与其他机构的 FWCI 分布在 1.4~3.3 之间，而从合作方数目来看，香港科技大学在推动国际合作中扮演了极其重要的角色。

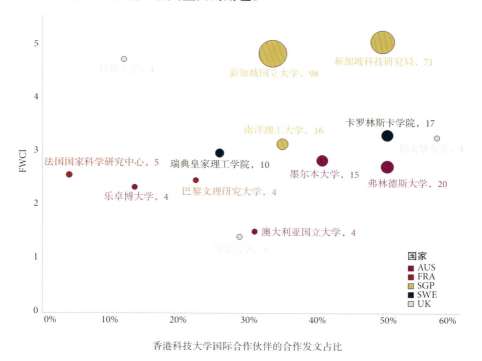

图 2.9　在 AIE 领域香港科技大学国际合作发文前十的机构分布（2012~2021 年）
AUS- 澳大利亚，FRA- 法国，SGP- 新加坡，SWE- 瑞典，UK- 英国

二、国内合作机构

2012~2021 年香港科技大学的国内合作发文前十机构如图 2.10 所示，华南理工大学是香港科技大学国内合作发文最高的机构，合作发表了 796 篇 AIE 文献，合作发文占比也最高，该机构有 76.1% 的 AIE 文献是与香港科技大学合作发表的。同时，合作发文的 FWCI 达到了 3.3，高于香港科技大学所有 AIE 发文的 FWCI（3.2），也高于华南理工大学所有 AIE 发文的 FWCI（2.9），说明二者的合作是相互促进的合作。浙江大学和深圳大学也是香港科技大学在该领域的主要国内合作机构，分别合作发表了 157 篇和 106 篇 AIE 文献。

从合作发文的学术影响力来看，吉林大学与香港科技大学合作发文的 FWCI 最高，为 4.6，深圳大学、中国科学院、华中科技大学、浙江大学、北京化工大学、华南理工大学和南方科技大学与香港科技大学合作文献的 FWCI 分布在 3.1~3.6 之间。

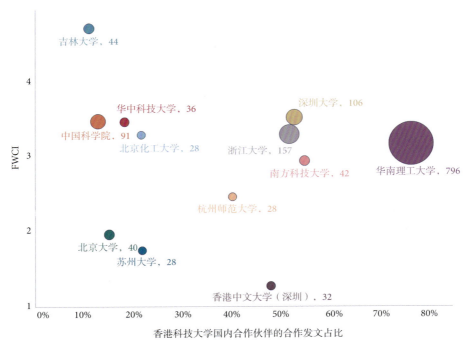

图 2.10　在 AIE 领域香港科技大学国内合作发文前十的机构分布（2012~2021 年）

第二章　AIE 研究的科研合作表现

华南理工大学合作伙伴

本节选取了近二十余年在 AIE 领域学术产出较高的机构华南理工大学作为目标机构，主要分析在 2012~2021 年间，华南理工大学在 AIE 领域的主要国际合作机构和国内合作机构及其相应的合作成果。

华南理工大学合作伙伴分析表明：

华南理工大学与香港科技大学在国内的合作最密切，两个机构在国内合作中互为最重要的合作伙伴，合作发文量在各自的合作机构当中也最高。同时二者的合作发文影响力也较高，均高于各自整体发文的科研影响力，是相互促进的合作伙伴。

在华南理工大学的所有科研合作者中，合作科研影响力最高的机构是来自新加坡的新加坡科技研究局（Agency for Science, Technology and Research）和来自澳大利亚的弗林德斯大学（Flinders University）。

一、国际合作机构

如图 2.11 显示，2012~2021 年间，华南理工大学的国际合作发文前十机构主要来自澳大利亚、加拿大、法国、英国、新加坡和瑞典。新加坡国立大学（National University of Singapore）是华南理工大学国际合作发文最多的机构，合作发表了 77 篇文献，其合作发文影响力在前十国际合作机构中位居第二，FWCI 为 4.8。其次是新加坡科技研究局，与华南理工大学合作发表了 47 篇文献，华南理工大学与该机构的科研影响力最高，FWCI 为 5.3。

从国际合作发文占比（该机构与华南理工大学合作发文数占该机构在 AIE 领域所有发文数的比重）来看，来自英国的拉夫堡大学（Loughborough University）的国际合作发文占比最高，该机构共发表了 7 篇 AIE 文献，其中有 4 篇是与华南理工大学进行合作发表的。从国际合作发文占比来看，拉夫堡大学与香港科技大学和华南理工大学在 AIE 领域均有较密切合作。不列颠哥伦比亚大学（University of British Columbia）和卡罗林斯卡学院（Karolinska Institute）的国际合作发文占比也相对较高，分别有 57.1% 和 44.1% 的 AIE 文献是与华南理工大学合作发表的。

从合作发文的学术影响力来看，除新加坡国立大学和新加坡科技研究局之外，弗林德斯大学（Flinders University）的 FWCI 相对较高，为 5.3，其他机构的 FWCI 分布在 1.4~4.8 之间。需要指出的是，华南理工大学除与部分院校的国际合作论文数量相对较多外，与其他院校合作发文的文章数均较少（部分小于 10 篇），所以此处的 FWCI 仅有一定的参考意义，不能完全代表双方的合作水平。

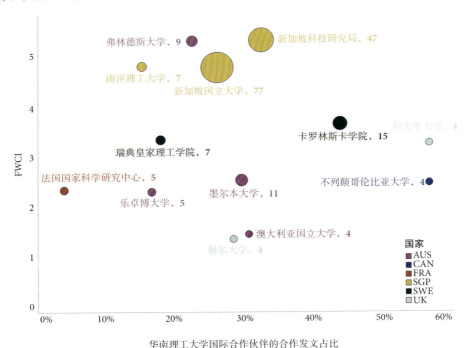

图 2.11　在 AIE 领域华南理工大学国际合作发文前十的机构分布（2012~2021 年）
AUS- 澳大利亚，CAN- 加拿大，FRA- 法国，SGP- 新加坡，SWE- 瑞典，UK- 英国

二、国内合作机构

2012~2021 年华南理工大学的国内合作发文前十机构如图 2.12 所示，华南理工大学和香港科技大学互为国内合作发文最高的机构，合作发表了 796 篇 AIE 文献，合作发文占香港科技大学在该领域发文的 73.0%。同时，合作发文的 FWCI 达到了 3.3，高于香港科技大学所有 AIE 发文的 FWCI（3.2），也高于华南理工大学所有 AIE 发文的 FWCI（2.9），说明二者的合作是相互促进的合作。浙江大学和中国科学院也是华南理工大学在该领域的主要国内合作机构，分别合作发表了 101 篇和 77 篇 AIE 文献。

从合作发文的学术影响力来看，深圳大学与华南理工大学合作发文的 FWCI 最高，为 4.1。吉林大学、中国科学院、南方科技大学、华中科技大学、香港科技大学、浙江大学与华南理工大学合作文献的 FWCI 分布在 3.2~3.6 之间；与其他高校合作的 FWCI 集中在 1.5~2.6 之间。

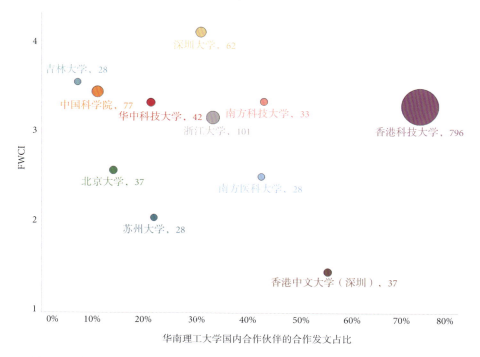

图 2.12　在 AIE 领域华南理工大学国内合作发文前十的机构分布（2012~2021 年）

第三章
AIE 领域的研究特色

第三章 AIE领域的研究特色

关键数据

化学、材料科学、化学工程

是全球 AIE 文献发表最多的三个学科板块（2012~2021 年）

药理学、毒理学和药剂学、环境科学、能源以及医学

是 AIE 领域近年正在形成的新学科板块（2012~2021 年）

中国

AIE 发文的学科分布在对标国家中最广（2012~2021 年）

长三角地区

是国内 AIE 热门研究方向分布最广的科研区域（2017~2021 年）

Tetraphenylethylene; Luminescence; Bioimaging

是 AIE 领域发文主要集中的热门研究方向（2012~2021 年）

OLED; Delayed Fluorescence; Electroluminescence

是全球 AIE 领域学术产出增长最快的热门研究方向（2012~2021 年）

Photothermotherapy; Photodynamic Therapy; Photosensitizer

是 AIE 领域发文量前十热门研究方向中学术影响力（FWCI=3.7）最高的研究方向（2017~2021 年）

Carbon Dots; TADF; CPL[*]

三个研究领域是与 AIE 知识交流最紧密的研究领域（2012~2021 年）

---

[*] TADF 全称为 Thermally Activated Delayed Fluorescence；CPL 全称为 Circularly Polarized Luminescence。

聚集诱导发光
中国原创 世界引领——二十年征程巡礼

AIE 研究的学科分布

AIE 自 2001 年首次提出以来，改变了人们对发光材料聚集的思考方式，AIE 基础理论的确立极大地促进了化学、材料科学、化学工程等原属学科的不断创新和快速发展，随着 AIE 在设计和开发固态新型发光材料方面的应用和研究不断推进，AIE 领域不断向多学科拓展，对 AIE 领域的学科分析有助于对当前全球 AIE 基础及应用研究在学科层面的开展有一个宏观了解，发掘对标国家/地区的 AIE 研究的学科分布特性，对未来 AIE 科研在学科布局上的发展提供参考信息。

本节利用 Scopus 的 ASJC（All Science Journal Classification）[*]学科分类方法，对过去十年间全球及对标国家的 AIE 科研文献的学科归属进行统计。

AIE 研究学科分布分析表明：

全球 AIE 文献的学科分布呈三级阶梯状。化学，材料科学，化学工程学科是全球 AIE 科研文献数量分布最多的学科领域，为第一梯队学科，是 AIE 领域的原属学科板块；物理学和天文学，生化、遗传和分子生物学以及工程是全球 AIE 科研文献数量分布的第二梯队学科，是 AIE 领域重要的学科分支板块；属于第三梯队学科的主要是药理学、毒理学和药剂学，环境科学，能源以及医学等学科，第三梯队学科虽然在文献数量的占比上最低，但是近年来文献数量持续上升，是 AIE 领域正在形成的新学科板块。AIE 学科分布由原属学科向多学科拓展一定程度上说明了全球 AIE 科研领域正在由源头创新期向创新密集期发展。

一、全球 AIE 研究的学科分布

根据 2012~2021 年全球发表的 AIE 科研文献的学科归属统计，AIE 科研文献

---

[*] ASJC 学科分类是定义在期刊层面上的，它由爱思唯尔的专家根据期刊文章的目的、范围和内容将期刊分为 27 个学科大类和 334 个小类。本报告使用的学科分类是 ASCJ 27 学科大类，27 个学科大类的列表详见附录 G。

广泛分布在 27 个 ASJC 学科中的 23 个。图 3.1 展示了 AIE 学科发文量前十的学科。如图所示，全球 AIE 文献的学科分布呈三级阶梯状。化学，材料科学，化学工程这三个学科的 AIE 文献最多，是 AIE 科研最主要的学科领域。其中，属于化学学科领域的 AIE 文献数量最多，为 6050 篇，占全球 AIE 文献数量的 71%。属于材料科学和化学工程的 AIE 文献数量分别为 4160 篇和 2845 篇，学科文献占比分别为 49% 和 34%。这三大学科也是 AIE 源起的学科领域，说明过去十年间 AIE 领域在主导理论的提出和完善方面为原属学科贡献了大批科研成果。AIE 文献分布的第二梯队学科为物理学和天文学，生化、遗传和分子生物学以及工程，AIE 文献在这些学科的发文量在 1000~2000 篇之间，占比在 14%~18%，这些学科领域是 AIE 科研在基础理论原属学科基础上的知识延伸，是 AIE 科研发展的重要分支学科领域。

随着近几年 AIE 科学研究不断向新材料应用方向推进，AIE 学科外延不断延伸，形成了以药理学、毒理学和药剂学，环境科学，能源以及医学等为主的 AIE 科研新学科板块，随着 AIE 新材料的开发应用的不断扩大，可预见这些学科领域的比重在未来将会逐步增加。

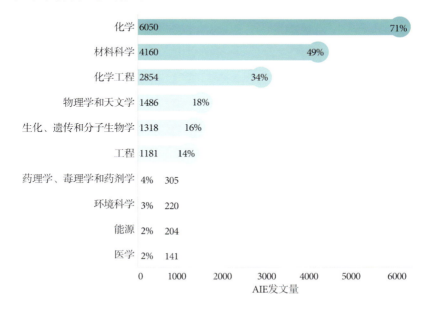

图 3.1　全球 AIE 发文量前十的 ASJC 学科以及学科发文量占比（2012~2021 年）

二、对标国家的 AIE 研究的学科分布

本部分的学科分析从全球转向国家，通过分析对标国家的 AIE 文献的学科分布，展示不同国家在 AIE 科研领域的学科布局。如图 3.2 所示，由于中国是 AIE 科研的源起国和主要创新国，中国 AIE 研究的学科分布最广，发文量不低于 15 篇的学科领域有 14 个，遥遥领先其他对标国家，说明中国在 AIE 科研上具有很强的学科多样性优势。其余对标国家的 AIE 文献的主要学科分布与中国的大致相同，均主要集中在化学，材料科学，化学工程这三大基础性学科。此外，对标国家在物理学和天文学，生化、遗传和分子生物学以及工程等学科也有一定的发文规模。总的来说，全球 AIE 科研领域正在由源头创新期向创新密集期发展，研究领域还未体现出明显的国家分化。值得注意的是，印度的 AIE 研究在能源和环境科学的发文出现了小规模萌芽，该学科领域可能会成为印度在 AIE 领域与其他对标国家不同的学科发展方向。

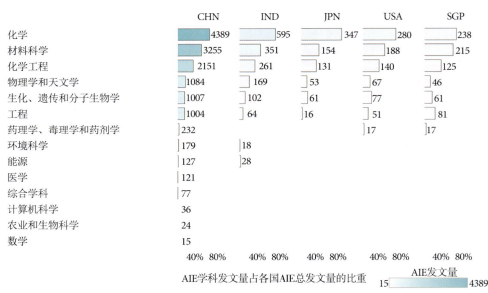

图 3.2　AIE 发文量前五国家的主要 ASJC 学科发文量对比（2012~2021 年）

只展示 AIE 发文量不低于 15 篇的 ASJC 学科；柱状长度代表 AIE 学科发文量占该国 AIE 总发文量的比重，长度越长，学科比重越大；柱状颜色代表 AIE 学科发文数量，颜色越深，AIE 学科发文数量越高

CHN- 中国，IND- 印度，JPN- 日本，USA- 美国，SGP- 新加坡

AIE 研究的延伸领域

一个创新科研领域在成长和壮大的过程中，会不断汲取相邻科研领域已有知识，同时也对相邻科研领域贡献创新发现。本节选取与 AIE 领域密切相关的九个研究领域，从知识流动的角度探讨 AIE 研究与这些研究领域的相互作用，即 AIE 研究在多大程度上汲取了这九个研究领域的知识以及 AIE 科研又在多大程度上促进了这些科研领域的发展，并尝试站在知识互通的视角上，进一步发掘 AIE 领域发展与创新的可能方向。

本节选取了以下九个与 AIE 紧密相关的研究领域：热活化延迟荧光（Thermally Activated Delayed Fluorescence, TADF）、室温磷光（Room Temperature Phosphorescence, RTP）、圆偏振发光（Circularly Polarized Luminescence, CPL）、力致发光（Mechanoluminescence）、碳量子点（Carbon Dots）、生物探针（Bioprobe）、发光太阳能聚光器（Luminescent Solar Concentrator）、激发态分子内质子转移（Excited State Intramolecular Proton Transfer, ESIPT）和扭曲分子内电荷转移态（Twisted Intramolecular Charge Transfer, TICT)，并对这九个研究领域的全部发文进行了获取[*]。通过统计过去十年间发表的 AIE 文献中，有多少文献引用了这九个领域的科研文献以及有多少 AIE 文献被这九个领域的科研文献引用，从而对 AIE 领域与九个研究领域之间的知识流动进行量化分析。

AIE 研究的延伸领域分析表明：

AIE 领域与九个相关领域在以文献引用为主要形式的知识流动上有不同程度的相互作用；碳量子点（Carbon Dots）、热活化延迟荧光（TADF）和圆偏振发光（CPL）这三个研究领域与 AIE 领域之间的知识流动最为显著。其中，热活化延迟荧光（TADF）和碳量子点（Carbon Dots）两个研究领域贡献了最多的 AIE 参考文献，向 AIE 领域输入了最多的科研成果；与此同时，AIE 领域也向这些科

---

[*] 具体领域定义及文献获取的方式请参见附录 A。

研领域输出了许多创新科研成果，尤其对热活化延迟荧光（TADF）和圆偏振发光（CPL）这两个研究领域的知识输出程度最明显，领域内 50% 左右的科研文献引用了 AIE 科研成果。

AIE 领域与九个研究领域间的知识流动

AIE 领域与九个研究领域的知识流动分析从知识的流入和流出两个角度展开。根据九个研究领域的文献在多大程度上被 AIE 文献引用为参考文献来衡量九个研究领域向 AIE 领域的知识流入情况，从而了解九个科研领域对 AIE 领域发展的促进作用；另一方面，根据九个研究领域的文献在多大程度引用了 AIE 文献来衡量 AIE 领域向九个研究领域的知识流出情况，从而了解 AIE 领域对这些科研领域发展的促进作用。

图 3.3 展示了 2012~2021 年间，AIE 领域与九个研究领域的知识流入和流出情况。如图所示，从施引和被引文献的数量上看，碳量子点（Carbon Dots）和热

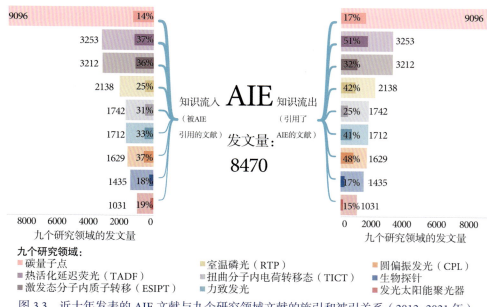

图 3.3　近十年发表的 AIE 文献与九个研究领域文献的施引和被引关系（2012~2021 年）
浅色柱状长度代表研究领域的总发文量；左边深色柱状长度代表领域内被 AIE 文献引用的文章数量，百分比数值为被引文献占领域内总发文的比例；右边深色柱状长度代表领域内引用 AIE 文献的文章数量，百分比数值为施引文献占领域内总发文的比例

活化延迟荧光（TADF）领域与 AIE 领域的知识交流最为频繁。在被引文献数量方面，9096 篇碳量子点（Carbon Dots）文献中，有 1298 篇文献被近十年发表的 AIE 文献引用为参考文献，是九个研究领域中被 AIE 文献引用文章数量最多的研究领域，其次为热活化延迟荧光（TADF）研究领域，共有 1216 篇热活化延迟荧光（TADF）文献被 AIE 文献引用为参考文献。在施引文献数量方面，热活化延迟荧光（TADF）领域的文献引用了最多的 AIE 文献，3253 篇 TADF 文献中有 1673 篇引用了近十年发表的 AIE 文献，紧随其后的是碳量子点（Carbon Dots）领域，有 1561 篇文章引用了 AIE 文献。

从施引和被引文献的相对占比来看，热活化延迟荧光（TADF）和圆偏振发光（CPL）两个领域的发文中被 AIE 文献引用和引用 AIE 文献的比例最高。说明这两个科研领域与 AIE 领域的知识交流程度最为深入，相互作用最为显著。尤其在施引 AIE 文献占比方面，两个领域中 50% 左右的文章引用过近十年发表的 AIE 文献，这表明 AIE 领域对这两个领域的科研发展起到了较为显著的支撑和促进作用。

九个研究领域内文献的施引和被引比例的对比显示，研究领域内引用 AIE 领域的文献比例均大于或接近被 AIE 文献引用的比例，这说明相较于这些研究领域对 AIE 领域的知识流入程度来说，AIE 领域向这些研究领域的知识流出程度更大，AIE 领域对这些领域科研发展的促进作用更加显著。

聚集诱导发光
中国原创 世界引领——二十年征程巡礼

全球热门研究主题视角下的 AIE 研究

本节通过引入全球热门研究主题的分析视角，展示 AIE 科研领域所涉及的全球热点研究主题，进而对 AIE 领域进行细分研究方向的观察。分析采用的"研究主题（Topic）"分析方法是对具有共同研究兴趣的文章进行聚类，即爱思唯尔基于文章引用和被引关系，通过直接引用算法，将整个 Scopus 的文章聚类成 96000 多个研究主题，每一个主题下的文章之间具有较强的研究内容关联*，所以一个研究主题代表了一类文章共同关注的科研话题。在此基础上，分析还结合体现研究活跃度的指标——研究主题显著度（Topic Prominence），其数值的高低可以体现不同研究主题被全球学者关注的程度，或其热门程度和发展势头†。在研究主题的聚类算法下，AIE 文献通过引用和被引关系被聚类到不同的全球热门研究主题之下，分析 AIE 文献在全球热门研究主题下的分布情况，不仅可以展示 AIE 领域所涉及的全球科学研究的前沿方向，而且还有助于领域研究者发掘领域内值得关注的热点研究方向。此外，通过对归属在不同热门研究主题下的 AIE 文集的内容分析，提取高相关度的关键词，可展示 AIE 领域细分研究方向的主要研究内容。进一步对比不同国家/地区的 AIE 文献在不同细分方向下的数量分布，可以更详细地了解 AIE 科研在不同国家/地区开展的方向的异同，为国家/地区进行科研优势布局提供参考信息。

本小节具体选取全球前 10% 高显著度的热门研究主题作为分析视角，一方面展示全球、对标国家、国内重点科研地区在过去十年或五年间发表的 AIE 文献在全球热门研究主题下的分布情况；另一方面，通过国家间以及国内重点科研地区间的热门研究方向的横向对比，进而展示不同科研主体在 AIE 领域内具体研究

---

* 研究主题的聚类方式详见附录 E。
† 研究主题显著度是体现研究主题被全球学者的关注度、热门程度和发展势头的指标；显著度一般与研究资金、补助等呈现正相关关系，通过寻找显著度高的研究主题，可以协助指导科研人员及科研管理人员获得更大的基金资助的机会。指标的具体算法参见附录 E。

方向的异同。

研究主题分析表明：

过去十年间全球 AIE 科研在多个热门研究主题下的发文均有不同程度的增长，说明 AIE 科研在全球多个科研前沿方向产出活跃。另外，AIE 领域涉及的主要研究主题是全球范围内最热门且最具发展势头的，说明 AIE 研究方向与全球关注的科研热点重合度很高。从对标国家 AIE 文献在热门研究主题下的分布情况来看，中国 AIE 科研的研究主题分布最广，中国的 AIE 科研在多个热门主题下均有最高的产出。相比之下，其余国家的 AIE 科研仍主要集中分布在同一科研主题之下，研究方向较为相似，说明 AIE 的科研在其余国家中尚未出现明显的国家特色科研主题分化；与国家间科研情况不同的是，AIE 研究在国内重点科研区域之间则出现了部分研究主题的差异化分布，值得领域工作者持续观察。

一、全球热门研究主题下的 AIE 研究

（一）AIE 十大热门研究主题关键词云图

本部分利用 AIE 领域在全球显著度最高的十大研究主题下的文献生成的关键词云图来对 AIE 热门研究的焦点内容进行展示。

关键词（Keyphrase）* 是 SciVal 使用 Elsevier Fingerprint Engine 结合文本挖掘和自然语言处理技术从文章集合中的文章标题、摘要和作者关键词中提取出来的重要词组概念，主要用于展示文集的主要研究内容。SciVal 基于逆文档频率（Inverse Document Frequency，IDF）算法赋予文集每个词组一个归一化的相关度，这种算法可以相对减少在文集中经常出现的词组的权重，增加较少出现的词组的权重，从而使得关键词能较为综合且均衡地展现文集的研究内容。关键词云图由文集关键词的相关度由高到低排列前 50 的关键词绘制而成。

---

* https://service.elsevier.com/app/answers/detail/a_id/27763/supporthub/scival/kw/Fingerprint/.

如图 3.4 所示，2012~2021 年间，AIE 领域在显著度前十的全球热门研究主题下的发文相关度最高的关键词为 AIE 领域内的主题词 Aggregation, Induced Emission，其他相关度较高的关键词还有涉及 AIE 相关应用领域的 Organic Light Emitting Diodes (OLED)，Photothermal Therapy, Fluorescent Dye，Bioimaging，Explosive Detection 等；AIE 相关典型分子结构 Tetraphenylethene，Schiff Base 等；AIE 相关机理 Dark State，Excited States 等。另外，图中关键词的颜色均为绿色，表示与这些关键词关联的 AIE 文献数量在近十年的呈上升趋势，说明 AIE 领域研究的主要热门内容都在不断增长和扩大中。

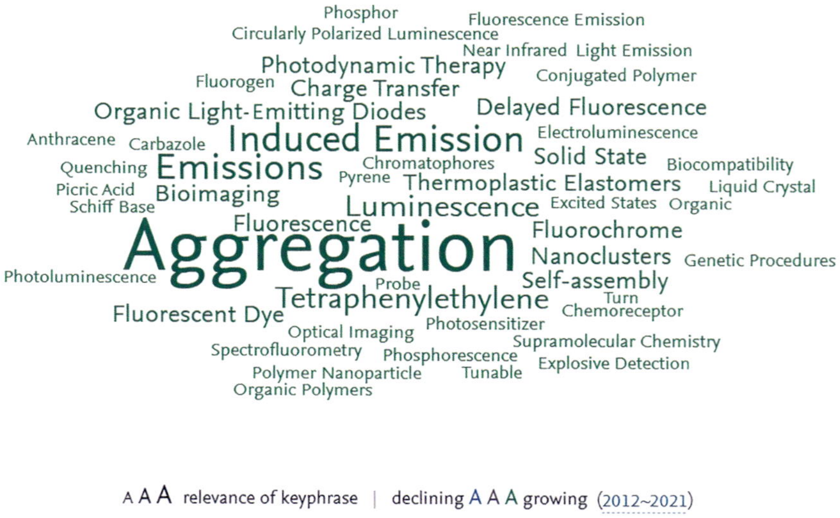

图 3.4 AIE 领域在显著度最高的十个全球热门研究主题下的发文的关键词云图（2012~2021 年）关键词大小代表相关度大小；绿色代表近些年相关文献数量在增加；蓝色代表近些年相关文献数量在减少

（二）不同时段下 AIE 发文量最高的热门研究主题

本部分聚焦全球 AIE 文献在 2012~2016 年及 2017~2021 年两个时间段内涉及的发文量前十的全球热门研究主题，展现 AIE 领域在不同热门研究主题下的文献在数量和学术影响力（FWCI）方面的变化。

第三章 AIE 领域的研究特色

为更直观地展示 AIE 领域在不同热门研究主题下发文的焦点内容，图 3.5 展示 AIE 在各个热门研究主题下与 AIE 文献集相关度最高的三个关键词[*]。从发文量上看，全球 AIE 文献主要分布在热门研究主题 T.2829"Tetraphenylethylene; Luminescence; Bioimaging"之下。2012~2021 年间，AIE 领域在该主题下的总发文量为 4220 篇，占该主题的全部发文的 73%，可以说，AIE 领域研究是这个热门研究主题的主要贡献力量。

主题显著度	主题ID	相关度最高的三个关键词	研究主题下的AIE发文量 (2012~2016 / 2017~2021)		发文量变化	FWCI (2012~2016 / 2017~2021)		FWCI变化
99.86	2829	*Tetraphenylethylene; Luminescence; Bioimaging	1292	2928	↑	2.5	1.6	
99.85	158	*Organic Light-Emitting Diodes; Delayed Fluorescence; Electroluminescence	19	254	↑	4.0	2.1	
99.81	1445	*Nanoclusters; Gold Nanoclusters; Luminescence	31	205	↑	3.9	1.8	
99.24	12558	Pillar(5)arene; Supramolecular Polymer; Supramolecular Chemistry	22	116	↑	2.9	2.2	
99.39	897	*Fluorescent Dye; Chemoreceptor; Cupric Ion	23	95	↑	1.6	1.6	
98.92	28763	Circularly Polarized Luminescence; Circular Polarization; Chiral	18	73	↑	2.5	2.7	↑
99.96	5315	Tetraphenylethylene; Micro Porosity; Coordination Polymer	16	72	↑	3.1	3.6	
99.95	1195	*Carbon Quantum Dot; Graphene Quantum Dot; Fluorescence	5	70	↑	2.7	2.2	
96.54	8906	*Picric Acid; Explosive Detection; Explosives	22	69	↑	2.7	1.3	
99.97	3466	Photothermotherapy; Photodynamic Therapy; Photosensitizer	0	67	↑	0.0	3.7	↑
97.91	6738	*Fluorescent Dye; Zinc Ion; Chemoreceptor	17	66	↑	3.9	1.4	
98.26	902	Organogel; Gelation; Gel	40	59	↑	1.9	1.1	
98.94	6037	*4,4-difluoro-4-bora-3a,4a-diaza-S-indacene; Boron; Solid State	30	55	↑	2.4	1.4	
97.31	1328	Phosphorescence; Iridium Complex; Iridium	17	39	↑	1.5	1.0	

2012~2016年 2017~2021年　2012~2016年 2017~2021年

图 3.5　全球热门研究主题视角下 AIE 领域发文量前十的研究主题 ID、研究主题显著度、研究主题下 AIE 文集相关度最高的三个关键词，研究主题下 AIE 发文量和发文 FWCI（2012~2016 年和 2017~2021 年）

研究主题显著度数值满分是 100，分值越高说明 AIE 领域所属的研究主题在全球范围内被讨论的程度越高。例如，研究主题显著度是 99.9，表示该研究主题被全球讨论的程度高于 99.9% 的主题。* 表示主题文集中相关度前三个关键词里原含有"Aggregation"或"Induced Emission"的 AIE 主题词，但考虑到内容展示的重复性而被去除

如图 3.5 所示，归属在热门研究主题 T.2829"Tetraphenylethylene; Luminescence; Bioimaging"下的 4220 篇 AIE 文献集合中除 AIE 主题词"Aggregation

---

[*] 全球热门研究主题下的 AIE 文集的关键词提取以及关键词相关度的定义请参照本节关于关键词（Keyphrase）的解释。

Induced Emission"外相关度最高的前三个关键词为"Tetraphenylethylene"、"Luminescence"和"Bioimaging"。这其中，作为最常见的 AIE 基团，Tetraphenylethylene 则已经被广泛用于合成各种新型 AIE 材料，由于 Tetraphenylethylene 衍生物具有很好的热稳定性和结构稳定性，在高性能的 OLED 器件中，利用 Tetraphenylethylene 构建的 AIE 发光材料具有很大的潜力。发光（Luminescence）是发光材料中的重要概念，从跃迁辐射角度而言，发光可以分为荧光和磷光两种，结构和性能多样性的荧光材料和磷光材料被普遍应用在光电和生物领域中。这其中，由于荧光分子特殊的性能，荧光材料被广泛应用于新兴学科和技术领域，如有机发光材料、荧光标记、荧光分子探针等，属于 AIE 研究的主要聚焦领域——对有机发光机理的探索。图 3.6 展示了热门研究主题 T.2829 下 4220 篇 AIE 文献的关键词云图。

图 3.6　AIE 领域在全球热门研究主题 T.2829 下发文的关键词云图（2012~2021 年）
关键词大小代表相关度大小；绿色代表近些年相关文献数量在增加；蓝色代表近些年相关文献数量在减少；灰色代表近年相关文献数量保持稳定

图 3.5 显示，从 AIE 领域在全球热门研究主题下发文的增幅上看，在研究主题 T.158 下的 AIE 文献的增幅最大，形成了以关键词"Organic Light-Emitting

Diodes"、"Delayed Fluorescence"和"Electroluminescence"为代表的成长迅速的细分研究方向，发文量由前五年的 19 篇，跃升至近五年的 254 篇，文献量增长了 12.3 倍。相对于无机材料，有机材料在 OLED、有机晶体管、有机太阳电池等领域具有更重要的实际应用价值，由于 AIE 材料在聚集态下发光性能大大增强，因此 AIE 材料在有机光电器件中的应用具有更大优势。目前 AIE 材料已经越来越多被用于具有不同发光颜色的高效 OLED 器件，并且制备发光效率更高、稳定性更好的 AIE 发光材料将实现 OLED 器件性能的更大突破，这将是 AIE 材料在光电领域快速发展和具有良好应用前景的研究方向[*]。图 3.7 展示了热门研究主题 T.158 下 273 篇 AIE 文献的关键词云图。

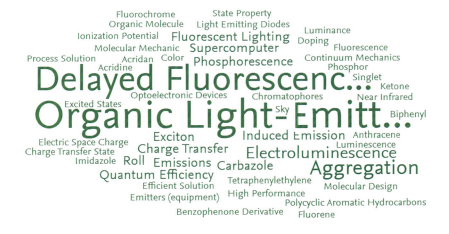

图 3.7　AIE 领域在全球热门研究主题 T.158 下发文的关键词云图[†]（2012~2021 年）
关键词大小代表相关度大小；绿色代表近些年相关文献数量在增加；蓝色代表近些年相关文献数量在减少

图 3.5 还显示，AIE 领域在全球最热门研究主题之一 T.3466 "Photothermotherapy; Photodynamic Therapy; Photosensitizer"下的发文的学术影响力 FWCI 在

---

[*] Jou J H, Kumaae S, Agrawal A, et al. Approaches for fabricating high efficiency organic light emitting diodes. J Mater Chem C, 2015, 3:2974-3002.
[†] 图中关键词"Delayed Fluorescenc…"和"Organic Light-Emitt…"的完整形式分别为"Delayed Fluorescence"和"Organic Light-Emitting Diodes"。

近五年跃升最大，在 AIE 领域内形成了以"Photothermotherapy"、"Photodynamic Therapy"和"Photosensitizer"等关键词为代表的新兴高影响力细分研究方向，在该研究方向的 AIE 发文 FWCI 值达 3.7，是发文量前十的研究方向中学术影响力最高的。这其中包含了 AIE 研究在癌症诊疗及纳米医学方面取得的卓越科研成果。特别是在 2021 年，具有 AIE 效应的分子在癌症治疗的应用层面取得了突破性进展：经过设计的 AIE 分子具有识别能力，其可以富集在癌细胞的细胞器中，经远红外光提供能量之后，AIE 分子可以发射强荧光并产生活性氧，这两个因素都可以杀死癌细胞且不会破坏人体的正常细胞[*]。未来在临床上开展利用 AIE 效应治疗癌症的研究将有可能颠覆目前对癌症治疗的思路。图 3.8 展示了热门研究主题 T.3466 下 67 篇 AIE 文献的关键词云图。

图 3.8　AIE 领域在全球热门研究主题 T.3466 下发文的关键词云图[†]（2012~2021 年）
关键词大小代表相关度大小；绿色代表近些年相关文献数量在增加；蓝色代表近些年相关文献数量在减少

总体来说，过去十年间，AIE 研究在全球各个热门研究主题下的发文均有不同程度的增长，说明 AIE 科研领域正在蓬勃发展；从 AIE 发文量最高的研究主

---

[*] Li Y, Fan X, Li Y, et al. Biologically excretable AIE nanoparticles wear tumor cell-derived "exosome caps" for efficient NIR-II fluorescence imaging-guided photothermal therapy. Nano Today, 2021, 41. doi:10.1016/j.nantod.2021.101333.

[†] 图中关键词 "Photodynamic Therap…" 和 "Personalized Medici…" 的完整形式分别为 "Photodynamic Therapy" 和 "Personalize Medicine"。

第三章 AIE 领域的研究特色

题的显著度来看，大部分主题的显著度得分在 99 以上，即 AIE 研究所涉及的研究主题在全球范围内被讨论的程度高于 99% 的研究主题，说明 AIE 科研所参与的研究主题均是全球科研工作者最关注且最具发展势头的前沿方向。

二、全球热门研究主题下对标国家的 AIE 研究

本部分利用全球热门研究主题的分析视角，就对标国家近五年 AIE 研究所涉及的研究主题进行横向展示，以展示各国在 AIE 领域细分研究方向的异同，发掘各国在不同细分研究方向的学术影响力优势。如图 3.9 所示，与全球 AIE 文献分布相似，各国的 AIE 研究大部分聚集在 T.2829 研究主题之下，形成了以

主题显著度	主题ID	相关度最高的三个关键词	CHN	IND	USA	JPN	SGP
99.86	2829	*Tetraphenylethylene; Luminescence; Bioimaging	2240	290	109	129	124
99.85	158	*Organic Light-Emitting Diodes; Delayed Fluorescence; Electroluminescence	199				
99.81	1445	*Nanoclusters; Gold Nanoclusters; Luminescence	175				
99.24	12558	Pillar(5)arene; Supramolecular Polymer; Supramolecular Chemistry	113				
99.39	897	*Fluorescent Dye; Chemoreceptor; Cupric Ion	66	18			
99.97	3466	Photothermotherapy; Photodynamic Therapy; Photosensitizer	65				
98.92	28763	Circularly Polarized Luminescence; Circular Polarization; Chiral	63				
99.77	12937	Coordination Polymer; Luminescence; Metalorganic Frameworks	57				
99.95	1195	*Carbon Quantum Dot; Graphene Quantum Dot; Fluorescence	55				
99.96	5315	Tetraphenylethylene; Micro Porosity; Coordination Polymer	55				
99.52	3044	*Tetraphenylethylene; Self-assembly; Supramolecular Chemistry	48			24	
99.07	25125	*Optical Imaging; Fluorochrome; Bioimaging	46				
96.54	8906	*Picric Acid; Explosive Detection; Explosives	46	16			
97.91	6738	*Fluorescent Dye; Zinc Ion; Chemoreceptor	35	23			

FWCI 1.0 ———— 5.1

图 3.9 全球热门研究主题视角下对标国家 AIE 发文量居前列的研究主题 ID、研究主题显著度、研究主题下 AIE 文集相关度最高的三个关键词，研究主题下 AIE 发文量和发文 FWCI
（2017~2021 年）

除中国外的对标国家只显示 AIE 发文量不低于 15 篇的研究主题。中国按 AIE 主题发文量由大到小列示发文量领先的研究主题；研究主题显著度数值满分是 100，分值越高说明 AIE 所属的研究主题在全球范围内被讨论的程度越高。例如，研究主题显著度是 99.9，表示该研究主题被全球讨论的程度高于 99.9% 的主题。
* 表示主题文集中相关度前的三个关键词里原含有"Aggregation"或"Induced Emission"的 AIE 主题词，但考虑到内容展示的重复性而被去除

"Tetraphenylethylene"、"Luminescence"和"Bioimaging"等关键词为代表的AIE细分研究方向。其中,新加坡在该研究方向的学术影响力最高,FWCI达到3.1;中国是AIE领域研究方向开展最广的国家,中国AIE文献广泛地分布在多个不同的热门主题之下,形成多个AIE细分研究方向。其中,以"Optical Imaging"、"Fluorochrome"和"Bioimaging"等关键词为代表的细分研究方向(所属研究主题号:T.25125)的FWCI值最高,达5.1,说明中国AIE研究在该细分方向的学术影响力最高,是中国AIE科研优势较为突出的一个细分方向。

三、全球热门研究主题下国内区域的 AIE 研究

本部分对近五年中国四个主要的AIE科研活跃区域(京津冀地区、长三角地区、珠三角地区以及香港特别行政区)AIE研究所涉及的全球热门研究主题进行横向对比,以展现不同区域AIE科研在细分方向的布局;如图3.10所示,国内四个区域的AIE研究均主要分布在研究主题T.2829 "Tetraphenylethylene; Luminescence; Bioimaging" 和T.158 "Organic Light-Emitting Diodes; Delayed Fluorescence; Electroluminescence" 之下,这也和全球AIE文献分布相一致。此外,珠三角地区、长三角地区以及中国香港在研究主题T.25125下的AIE发文均体现出较高的科研影响力,FWCI分别为5.3、5.3和6.9,形成了以"Optical Imaging; Fluorochrome; Bioimaging"等关键词为代表的中国AIE优势科研细分方向。

在全球AIE科研发文最多的研究主题T.2829 "Tetraphenylethylene; Luminescence; Bioimaging" 下,以中国科学院为科研主力的京津冀地区贡献了最多的AIE发文,达689篇。此外,相较于其他区域,京津冀地区的AIE研究在T.5315研究主题上显示出较为独特的科研优势,形成了以"Tetraphenylethylene"、"Micro Porosity"和"Coordination Polymer"等关键词为代表的独特细分研究方向,不仅形成了一定的科研规模(16篇)而且科研影响力也达到了较高值(FWCI=3.0)。

以浙江大学为科研主力的长三角地区在AIE领域涉及的全球热门研究主题最广泛,AIE发文量在15篇以上的研究主题有十个。其中T.12937 "Coordination Polymer; Luminescence; Metalorganic Frameworks"、T.2961 "Electrochemiluminescence; Conjugated Polymer; Nanoclusters"、T.3044 "Tetraphenylethylene; Self-assembly; Supramolecular Chemistry"和T.55149 "Phosphorescence; Room Temperature; Organic"等细分研究方向是长三角地区在AIE领域的特色科研方向,其在这四个科研方向上有不俗的发文表现,发文量在18~29篇。

以华南理工大学为科研主力的珠三角地区则在T.158"Organic Light-Emitting Diodes; Delayed Fluorescence; Electroluminescence"细分研究方向上有突出的发文优势,发文量达92篇,显著高于其他三个地区。中国香港地区AIE文献所涉及的细分方向普遍都具有较高的FWCI值,说明中国香港地区的AIE研究在各个细分方向上均有较高的科研影响力。

主题显著度	主题ID	相关度最高的三个关键词	京津冀地区	珠三角地区	长三角地区	香港特别行政区
99.86	2829	*Tetraphenylethylene; Luminescence; Bioimaging	689	610	578	438
99.85	158	*Organic Light-Emitting Diodes; Delayed Fluorescence; Electroluminescence	38	92	56	56
99.81	1445	*Nanoclusters; Gold Nanoclusters; Luminescence	30	22	48	
98.92	28763	Circularly Polarized Luminescence; Circular Polarization; Chiral	24	16	27	
99.97	3466	Photothermotherapy; Photodynamic Therapy; Photosensitizer	22	30		19
99.96	5315	Tetraphenylethylene; Micro Porosity; Coordination Polymer	16			
99.24	12558	Pillar(5)arene; Supramolecular Polymer; Supramolecular Chemistry	16		38	
99.07	25125	*Optical Imaging; Fluorochrome; Bioimaging		23	23	16
95.13	8274	Alkyne; Click; Explosive Detection		17		18
99.77	12937	Coordination Polymer; Luminescence; Metalorganic Frameworks			25	
99.48	2961	*Electrochemiluminescence; Conjugated Polymer; Nanoclusters			18	
99.52	3044	*Tetraphenylethylene; Self-assembly; Supramolecular Chemistry			28	
99.35	55149	*Phosphorescence; Room Temperature; Organic			29	

FWCI 1.4 — 6.9

图3.10 全球热门研究主题视角下国内四个科研区域AIE发文量居前列的研究主题ID、研究主题显著度、研究主题下AIE文集相关度最高的三个关键词、研究主题下AIE发文量和发文FWCI(2017~2021年)

各区域只显示AIE发文量不低于15篇的研究主题;研究主题显著度数值满分是100,分值越高说明AIE所属的研究主题在全球范围内被讨论的程度越高。例如,研究显著度是99.9,表示该研究主题被全球讨论的程度高于99.9%的主题。*表示主题文集中相关度前的三个关键词里原含有"Aggregation"或"Induced Emission"的AIE主题词,但考虑到内容展示的重复性而被去除

第四章
AIE 基础科研到产业应用的转化

第四章 AIE 基础科研到产业应用的转化

关键数据

78%
的 AIE 产学合作文章发表在近四年

新加坡国立大学
是 AIE 产学合作学术影响力（FWCI=4.9）最高的学术机构（2012~2021 年）

三星集团
是 AIE 产学合作学术影响力（FWCI=5.1）最高的企业机构（2012~2021 年）

3%
的 AIE 文献至少被全球五大专利库中的专利引用过一次，是同期全球科研文献平均专利引用率（1%）的 3 倍（2012~2021 年）

1616
项专利与 AIE 相关，其中 92% 的专利发明于中国（2012~2021 年）

2015
年 AIE 专利申请进入快速增长期

中国
是 AIE 专利资产指数（PAI=1387）最高的国家（2012~2021 年）

美国
是 AIE 专利竞争力（CI=3.2）最强的国家（2012~2021 年）

84%
的 AIE 专利为高校和科研院所所有（2012~2021 年）

香港科技大学
是拥有 AIE 专利家族数（123 项）最多的专利权人（2012~2021 年）

聚集诱导发光
中国原创　世界引领——二十年征程巡礼

AIE 研究的产学合作

科研成果的技术化开发及产业化发展能让科学研究真正带来社会生产力的提升，实现国民经济的繁荣发展，产学合作则是科研成果转化的重要步骤。产学合作是指产业界与学术界在科学研究领域内进行的合作，是创新要素从学术界向产业界流转的重要场域；其中，"产"是指产业界，包括各类企业及营利性机构；"学"是指学术界，包括高校等科研机构。鉴于 AIE 研究是对发光领域的革命性技术突破，具有很强的产业应用潜力，对 AIE 研究的产学合作表现分析将有助于了解 AIE 研究在学术界与产业界在开展合作研究方面取得的阶段性成果，并对领域未来的产学合作的发展进行展望。

本节分析聚焦 2012~2021 年间全球 AIE 领域的产学合作发文的规模、产学合作发文的科研影响力，以及在 AIE 领域的产学合作中处于领先地位的学术机构和企业。

AIE 领域内的产学合作分析表明：

AIE 领域的产学合作科研活动仍处于初步发展阶段，虽然总体产出规模较小，但合作发文在近四年快速增长。受制于较小的合作产出规模和较新的发文时间，目前产学合作发文的科研影响力虽略低于领域整体水平，但是个别高校与企业的合作发文显示了较高的科研影响力。AIE 领域研究在产学合作方面有持续成长的空间。

一、产学合作表现

AIE 领域研究的产学合作程度以及产学合作的科研影响力可以通过一段时间内 AIE 科研的产学合作的发文数量以及产学合作发文的 FWCI 得到一定程度的量化观察。如图 4.1 所示，2012~2021 年，AIE 领域的产学合作发文总量为 42 篇，仅占领域内所有发文的 0.5%。由于产学合作的发文规模较小，发文较新，产学合作发文的整体学术影响力（FWCI=1.4）值低于领域内整体的发文（FWCI=1.9）。

值得注意的是，从产学合作发文的年份来看，78% 的合作文献发表于近四年，说明 AIE 产学合作于近年开始迅速开展，这也一定程度上符合新兴科研领域的发展规律。过去十年间 AIE 领域的主导理论相继确立并不断精细化，伴随领域进入创新密集期的是新技术的开发和应用，AIE 科研工作者进而开始与产业界研究人员开展相关产业应用研究。

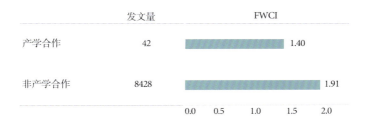

图 4.1　全球 AIE 文献的产学合作发文数量及发文 FWCI（2012~2021 年）

二、产学合作领先的学术机构和企业

本部分探究 AIE 领域产学合作领先的学术机构和企业，从合作的发文数量及合作发文的学术影响力 FWCI 两个角度展示领域内产学合作的主要参与者。

AIE 产学合作活跃的学术机构大部分来自中国。如图 4.2 所示，参与产学合作的学术机构发文分布较为平均，领先高校从合作发文的数量上看并无较大差距，但是从合作发文的学术影响力 FWCI 值上看，部分高校间差异较大。其中，新加坡国立大学的产学合作发文 FWCI 最高，达到 4.9，其次为日本九州大学（FWCI=2.6）和北京化工大学（FWCI=2.0）。值得注意的是，鉴于当前统计的产学合作文章数量较少，由此获得的 FWCI 的数值并不能完全体现机构在产学合作方面的实际科研影响力，该指标仅供阶段性观察参考。

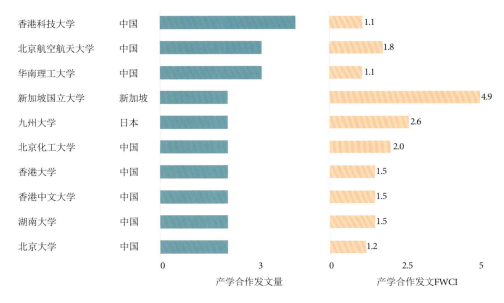

图 4.2　全球 AIE 研究领域内产学合作发文量前十学术机构的产学合作发文量及发文 FWCI
（2012~2021 年）

与学术机构情况不同，AIE 产学合作活跃的企业来自多个国家。如图 4.3 所示，从产学合作发文数量上看，中国石油化工股份有限公司（SINOPEC）是最为活跃的企业，共有 4 篇产学合作发文。从合作发文的学术影响力上看，韩国三星集团（SAMSUNG）和新加坡公共医疗保健集群控股公司（MOH Holdings）的 FWCI 最为领先，分别为 5.1 和 4.9。

第四章 AIE 基础科研到产业应用的转化

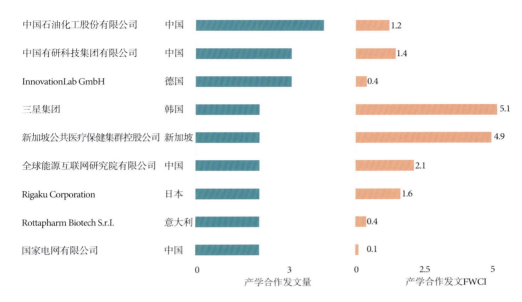

图 4.3 全球 AIE 研究领域内产学合作发文量前十的企业的产学合作发文量及发文 FWCI
（2012~2021 年）

聚集诱导发光

中国原创 世界引领——二十年征程巡礼

AIE 研究的专利引用

上节探讨的产学合作分析是从跨部门合作的角度，聚焦 AIE 科研成果被应用于产业界的情况，本小节则从跨部门知识引用的角度探讨 AIE 科研成果在产业应用的效用和影响力，具体聚焦 AIE 科研成果被应用于专利开发活动的情况，以期从产业需求角度为提升 AIE 科技成果的转化率寻找到着力点。

本小节追踪 Scopus 数据库中 2012~2021 年 8470 篇 AIE 科研文献与全球五大国际专利库*中的专利的引用关系，对 AIE 科研文献的专利引用情况进行统计分析。由于追踪"文献 - 专利"引用关系的数据库目前无法涵盖中国专利局的专利数据，本小节的专利引用数据仅限于来自五大国际专利机构（世界专利局、美国专利局、欧洲专利局、英国专利局和日本专利局）的专利引用数据。

具体来说，本节分析使用的两个指标为"引用 AIE 文献的专利数量"和"被专利引用的 AIE 文献数量"。前者从施引专利数量的角度衡量 AIE 科研对产业技术创新的影响力，后者从 AIE 科研文献被专利引用情况的角度，了解 AIE 科研成果在多大程度上被应用在产品研发和专利创造中，也可以在某种程度上反映出 AIE 科研成果的产业应用潜力。

AIE 研究的专利引用分析发现：

AIE 科研文献受到了来自 OLED、制药、生物科技和化学制品等产业的专利引用，说明 AIE 科研成果给这些行业的技术创新带来了正向影响。从被专利引用的 AIE 科研文献的来源来看，中国和新加坡的学术机构是 AIE 领域向产业界进行创新知识输出的主体。

---

* 全球五大专利数据库包括：世界专利局、美国专利局、欧洲专利局、英国专利局和日本专利局。

一、引用 AIE 科研文献的专利

2012~2021 年间，全球五大国际专利库中共有 266 个专利引用了 AIE 科研文献。为进一步了解这些施引专利的来源，图 4.4 列示了施引专利数量前十的专利所有人。香港科技大学是拥有 AIE 施引专利最多的专利权人，共有 34 个专利引用了 AIE 科研文献。排名第二的是新加坡国立大学，由其所有的 11 个专利引用了 AIE 科研文献。考虑到这两所大学同时也是 AIE 科研领域活跃的学术机构，这说明香港科技大学和新加坡国立大学在将 AIE 科研成果应用到自有专利技术开发的表现上较为积极。除了高校专利权人，引用 AIE 科研文献的专利权人也来自与 AIE 科研应用紧密相关的产业，如德国有机电子企业 Novaled Gmbh、美国制药公司 Quantapore, Inc.、法国生物科技公司 Adocia 和化学品制造企业日本东京应化工业公司（Tokyo Ohka Kogyo Co., Ltd.）等，说明 AIE 科研成果在这些企业所处的产业有较大的应用潜力。

图 4.4 引用 AIE 文献的专利数量前十名的专利所有人及施引专利数量（2012~2021 年）

二、被专利引用的 AIE 科研文献

数据显示，过去十年间，共有 257 篇 AIE 科研文献被五大专利局专利引用，占 AIE 总发文的数量的 3%，专利引用率是同期全球科研文献平均专利引用率（1%）的 3 倍。由于本小节统计的"文献 - 专利"引用关系无法包含中国专利局的专利数据，考虑到中国是 AIE 领域技术研究和技术专利开发的领跑国，当前的专利引用率在统计上具有一定的局限性，实际的专利引用率会更高。

从现有的专利引用数据来看，被引用的 AIE 科研文献主要来源于中国和新加坡的高校和科研机构。如图 4.5 所示，香港科技大学和华南理工大学分别有 101 篇和 82 篇 AIE 科研文献被专利引用，两者是 AIE 领域向产业技术输出知识的领先科研主体。

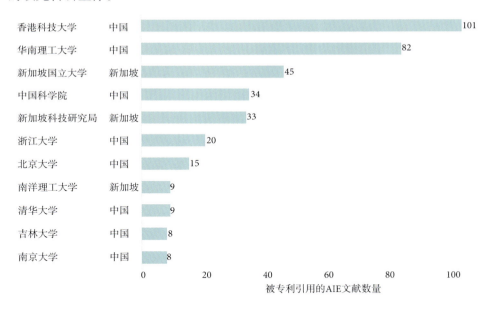

图 4.5　被专利引用的 AIE 文献量前十名机构及机构 AIE 发文数量（2012~2021 年）

AIE 领域的专利分析

本章的前两节从 AIE 科研的产学合作和专利引用两个方面展现了 AIE 领域对产业界的技术创新和发展的影响,分析是基于 AIE 领域科研论文形式的学术成果。本节则聚焦 AIE 领域的另一种创新成果——发明专利,旨在从创新发明的角度呈现 AIE 材料和技术在产业应用的发展态势,揭示 AIE 领域当前专利活动特点,为领域的科技创新和产业化提供参考信息。

本部分的专利来源是 LexisNexis® PatentSight® 平台收录的全球 115 个国家/地区的专利局发布的专利文件。基于 AIE 相关专利的检索*结果,分析聚焦领域内专利申请趋势,对主要发明国的专利数量和影响力进行对比分析,以及发掘领域内重要专利权人。

AIE 领域内的专利分析发现:

AIE 专利申请数量在 2015 年后进入快速增长期,中国是 AIE 材料和技术创新的最主要国家。从专利所属的技术领域来看,当前 AIE 专利主要分布在化学、信息技术、医疗健康及电子等技术领域。从研发主体构成上看,AIE 专利的所有人中大部分为高校和科研机构(84%),企业所有人占比较少(14%),这可能是因为当前 AIE 材料和技术的市场化进程仍处于早期阶段。鉴于近些年国家不断出台加快促进科技成果转化的政策和法律,这将加快 AIE 科研成果由高校到企业的转移,AIE 专利成果的商业化和产业化将有很大的发展空间。

一、全球专利申请态势

为了完整反映 AIE 专利申请活动的历史趋势,更好地体现专利技术发展态势,本报告统计的专利数量按照简单同族关系进行了同族合并,即申请和授权中国专

---

* 具体检索策略见附录 D。

利和国外专利的多件专利合并为一项专利，通过同族合并（优先选择中国专利作为同一族代表专利），统计分析仅聚焦在同一技术。

图 4.6 展示了 2001 年以来 AIE 相关专利的申请数量（含失效专利）的变化趋势。AIE 相关专利的申请最早出现在 2004 年，但随后发展较为缓慢。从 2015 年开始，相关专利申请数量持续大幅增长，年申请量由 2015 年以前的不足 50 项增长至 2019 年的 405 项。结合科研文献的增长趋势来看，AIE 科研发文从 2013 年开始进入快速增长期，活跃的科研推动了科研成果的技术化进程，AIE 相关专利开发也随之进入快速发展阶段。

从专利技术主题（Technology Cluster）*来说，AIE 专利的技术分布自 2015 年来形成了较为稳定的格局。以专利数量占比为例，全球 AIE 有效专利集中分布的前五个细分技术主题分别为：Olefin polymerization (13.6%)、Chromatography (12.5%)、Polymer composition (7.5%)、Electrochemical sensor (7.5%) 以及 Staining (6.6%)。

图 4.6 全球 AIE 专利族（含失效专利）申请数量的年度趋势
近两年的专利数量因为专利申请公开延迟而数据相对滞后，图中专利申请数据会大幅小于实际数据，仅供参考
专利检索时间：2022/7/21；数据源：LexisNexis® PatentSight®

---

* LexisNexis® PatentSight® 借助人工智能方法来定义相关领域，利用自然语言表达技术内容，在"技术聚类"的分类概念下，将专利族归类到特定的技术类别。

二、当前有效专利规模

全球 AIE 相关有效专利族规模在十年间快速增长。如图 4.7 所示，全球 AIE 有效专利族数量由 2012 年的 44 项增长至当前的 1616 项，十年间扩大了约 36 倍，说明全球 AIE 研究在专利技术开发方面取得了长足进步。

若以专利发明人所在国为指定的发行机关为条件统计在特定国家研究开发的专利数量，则中国是 AIE 累计有效专利族数量最多的国家。截至 2021 年底，中国在 AIE 领域的有效专利族累计数量为 1488 项，占全球总数的 92%，是存量排名第二的美国的 33 倍，说明中国在 AIE 领域技术研发方面最为活跃，是推动全球 AIE 专利申请量增长的最主要力量。美国（45 项）、韩国（32 项）和日本（27 项）的有效专利规模虽然远小于中国，但在过去十年间均有不同程度的增长，年平均增长率在 16% 到 30% 不等。新加坡的 AIE 有效专利族规模近五年基本维持在 10 项左右，居美日韩之后。

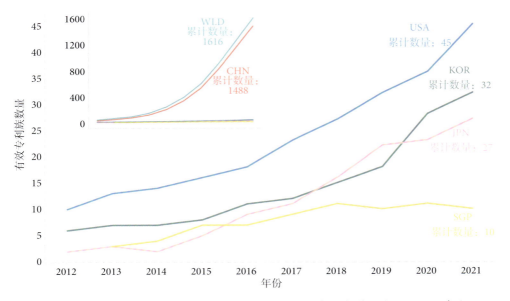

图 4.7 AIE 领域累计有效专利族数量，全球及前五名的发明国（2012~2021 年）
近两年的专利数量因为专利申请公开延迟而数据相对滞后，故以累计数量反映当前的有效专利族规模
专利检索时间：2022/7/21；数据源：LexisNexis® PatentSight®
CHN- 中国，JPN- 日本，KOR- 韩国，SGP- 新加坡，USA- 美国，WLD- 世界

三、专利影响力

本部分聚焦 AIE 专利主要发明国的专利影响力的分析，采用的两个指标分别为"专利资产指数（Patent Asset Index™, PAI）"和"专利竞争力（Competitive Impact，CI）"。

专利资产指数（PAI）是一个专利集中所有专利的竞争力值的总和，可以用来衡量一个专利集的总体综合实力。专利竞争力（CI）是单项专利的"技术影响力（Technology Relevance, TR）"和"市场影响力（Market Coverage, MC）"的乘积。TR 是衡量一项专利对技术发展影响力的指标。MC 是衡量一项专利在全球范围内的保护程度，可以代表专利的市场影响力[*]。

图 4.8 展示了全球 AIE 领域专利族规模前五国家的专利资产指数（PAI）、专利数量和专利竞争力（CI）的对比。如图所示，专利资产指数（由气泡的大小表示）

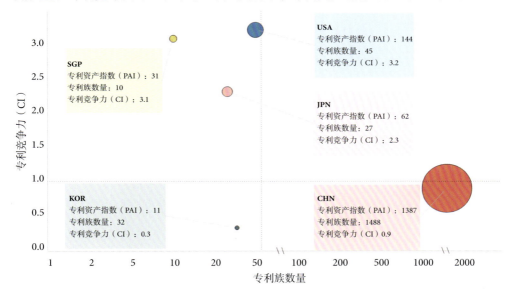

图 4.8　AIE 专利规模（Portfolio Size）前五国家的专利族数量、专利竞争力值(Competitive Impact) 及专利资产指数（Patent Asset Index）的对比，气泡大小表示专利资产指数大小

统计截至 2021 年 12 月 31 日；专利检索时间：2022/7/21；数据源：LexisNexis®PatentSight®

CHN- 中国，JPN- 日本，KOR- 韩国，SGP- 新加坡，USA- 美国

---

[*] 有关各个指标的详细解释参见附录 E。

第四章 AIE 基础科研到产业应用的转化

体现为横轴上的专利族数量和纵轴上的平均单项专利族的竞争力值（CI）的综合实力。中国的专利资产指数（PAI）为 1387，遥遥领先于其他国家，主要是由于中国拥有较高的专利族数量（1488 项），但在平均单项专利的竞争力上，中国的专利竞争力值（CI）为 0.9，低于美国（CI=3.2）、新加坡（CI=3.1）和日本（CI=2.3）。总体来说，中国的 AIE 专利数量领跑全球，但是在平均单项专利的竞争力上仍有提升的空间。

为进一步了解各国在 AIE 专利竞争力的优势来源，图 4.9 将构成各国专利竞争力（CI）指标的技术影响力（TR）和市场影响力（MC）进行了对比展示。如图所示，美国 AIE 专利竞争力领先于其他国家的主要原因是其专利在技术影响力和市场影响力两方面体现了较为均衡的优势。在市场影响力方面，中国的 AIE 专利仍处于较弱地位，次于美国、日本和新加坡。这一定程度上和中国专利整体的申请策略有关。虽然不少中国 AIE 专利在世界主要国家均申请了专利保护，但是考虑到中国较大的专利体量中绝大部分专利均以本地保护为主，故平均在单个专利的市场影响力有限。

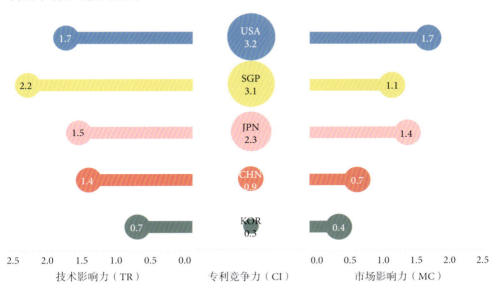

图 4.9　AIE 专利族规模（Portfolio Size）前五国家的专利竞争力值 (Competitive Impact) 在技术影响力（Technology Relevance）及市场影响力（Market Coverage）两个维度的对比
统计截至 2021 年 12 月 31 日；专利检索时间：2022/7/21；数据源：LexisNexis® PatentSight®
CHN- 中国，JPN- 日本，KOR- 韩国，SGP- 新加坡，USA- 美国

在专利技术影响力方面，新加坡的整体优势较为突出，其在 AIE 荧光生物探针的制备和应用方面的专利族（专利族号：CN103842472A）得到了很高的被引频次，形成了很高的技术影响力。需要指出的是，该技术专利最早是新加坡国立大学与香港科技大学联合申请的专利。值得注意的是，中国 AIE 专利整体技术影响力优势不明显并不意味着中国缺少高技术影响力的专利。事实上，中国 AIE 高技术影响力的专利在绝对数量上仍领跑全球，但是基于庞大的总体专利数量，高技术影响力的专利在相对占比上不具有优势，造成中国在国家间专利技术影响力均值表现上优势不显著。

四、重要专利所有人

从专利所有人的类型来看，84% 的 AIE 专利所有人为高校和科研机构，14% 为企业所有，其余 2% 为个人所有。这说明高校和科研机构是 AIE 专利技术开发的主导力量，企业主导的专利技术开发较为有限。这也表明 AIE 材料和技术是一个新兴的有待商业化发展的领域。

在可识别的专利所有人的国别构成上，中国与非中国所有人的比例约为 7：3。其中，AIE 外国专利所有人来自 11 个国家，来自美国的 AIE 专利所有人最多，达到 24 个，其次为日本和韩国。

从 AIE 专利所有人的有效专利族数量看，排名前十的 AIE 专利所有人均为来自中国的高校和科研机构，人均专利数为 48 项。在 AIE 外国专利所有人中，新加坡国立大学和首尔大学的 AIE 专利数量最多，均为 6 项。

图 4.10 展示了有效专利数量排名前十的 AIE 专利所有人。由图可见，香港科技大学的 AIE 专利综合实力最强（PAI=231），其拥有的 AIE 专利不管在总体数量上还是单个专利平均竞争力上都领先其他专利所有人。华南理工大学的 AIE 专利数量仅次于香港科技大学，两所院校的 AIE 专利数量均在 100 项以上，遥遥领先其余专利所有人。在专利竞争力指标表上，西北师范大学有不俗的表现，CI 值为 1.4，仅次于香港科技大学（CI=1.9）。

另外值得注意的是，AIE 专利数量前十的所有人中 9 个属于中国的高校（只有一个科研院所），这说明 AIE 材料和技术专利是中国高校的自主创新。随着国家近期一系列促进科技成果转化政策和法律法规的进一步落实，将有利于高校专利所有人通过不同方式将 AIE 专利进行下一步商业转化，从而发挥更大的产业效用。此外，随着 AIE 科研在产学合作方面逐步展开，如何鼓励更多的企业加入 AIE 材料和技术的合作研发，从而进一步拓展 AIE 专利开发主体的多样性将是 AIE 领域良性发展的一个重要问题。

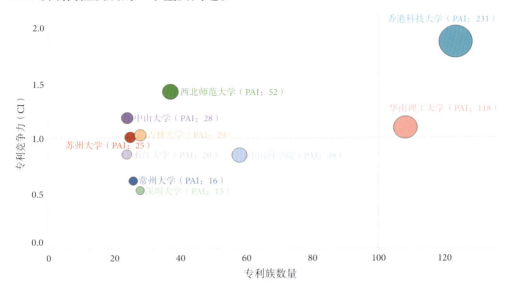

图 4.10　AIE 专利族规模（Portfolio Size）前十的所有人的专利族数量、专利竞争力值（Competitive Impact）及专利资产指数（Patent Asset Index）的对比，气泡大小表示专利资产指数大小

统计截至 2021 年 12 月 31 日；专利检索时间：2022/7/21；数据源：LexisNexis® PatentSight®

结 语

结　　语

- **AIE 领域是一个由中国领跑、全球协作的新兴科研领域，该领域正在高速发展，并带来了世界范围内突出的科研影响力。**

  - 全球 AIE 领域内的科研发文从 2001 年开始以每年高速递增的趋势发展，并在近十年间呈现指数级增长状态，近十年的文章数量占据了已发表文章的 95.8%。AIE 领域相关文献的归一化平均引文影响力（FWCI）达到 1.9，接近全球全学科发文平均影响力的 2 倍。本领域内的前 10% 高被引文献占所有文献的 32.6%，体现了卓越的科研影响力。在这二十余年，AIE 研究逐渐取得了国内和国际上多个领域科学家的广泛关注，并产生了深远的影响。

  - 中国引领了 AIE 领域的科研发展：中国在近二十余年贡献了全世界 74.7% 的 AIE 相关文献，全世界参与 AIE 研究的学者中有 70% 来自中国；在人均产出方面，世界范围内中国香港地区的人均产出达到最高，平均每位学者发表 2 篇 AIE 相关文献；全球发文量前十的科研机构中有九个来自中国，香港科技大学和华南理工大学是本领域发文量最高的两个机构。这些数据均表明，AIE 领域在中国起源，中国又带动了该研究在亚太地区乃至全球的增长和发展，AIE 研究是真正的中国原创"领跑"。

  - AIE 研究趋于国际化：随着 AIE 研究的不断发展，对 AIE 领域进行探索的国家也越来越多，有 27.6% 的文献来源于国际/地区合作，中国香港地区的国际/地区（含中国境内）合作达到了 98%。广泛的国际/地区的合作也带来了具有更高科研影响力的文献。到 2021 年为止，在全世界 190 多个国家中共有 76 个国/地区发表过与 AIE 相关的研究，除中国外，新加坡贡献了较高影响力的 AIE 文献，印度贡献了较大数量的 AIE 文献，美日韩等国家也都在该领域快速发展。自 2001 年 AIE 概念首次提出，AIE 从一个全新的中国原创概念逐步成长为一个吸引全世界越来越多的科研人员投身的科学研究领域。

- **AIE 理论和应用横跨了化学、材料、光学、物理、生物、医学等多个学科。在快速发展和交叉创新进程中，AIE 领域不断向多学科多领域拓展，在光**

电器件、化学传感、生物医疗和智能响应等领域体现出巨大的应用潜能，是全世界范围内的研究热点。

- 全球 AIE 文献的 ASJC 学科属性体现了其从化学、材料科学、化学工程学科等主要学科领域向物理学、生物化学、遗传和分子生物学以及工程学科的发展，也展现了其近年来拓展的新学科领域，主要集中在药理学、毒理学和药剂学、环境科学、能源以及医学等学科。
- 以 AIE 概念为基础的理论还直接推动、发展和影响了多个相关领域和新概念，如碳量子点（Carbon Dots）、热致延迟荧光（Thermally Activated Delayed Fluorescence，TADF）性质的利用和圆偏振发光（Circularly Polarized Luminescence，CPL）材料的应用等。
- AIE 领域是世界范围内的研究热点，该领域涉及的主要研究主题显著度得分大都在 99 以上，即 AIE 研究所属的研究主题在被全球讨论的程度方面高于全世界 99% 的主题。该领域在光电器件、化学传感、生物医疗和智能响应方面的探索和应用均体现在了该领域涉及的热门研究主题上。

作为原创中国概念，AIE 改变了传统研究的思维定式，颠覆了对传统发光技术和材料的认知，为研究分子发光机理提供了新思路，并且推动了学术界和产业界相应的纵深发展，加深了交叉学科研究领域的相互促进和融合。也因此，AIE 研究代表了典型的创新性科学研究，在新兴技术和产业方面具有巨大潜力，吸引了全世界的关注。

❖ **鉴于 AIE 在有机光电和生物医疗方面的广泛应用，产学合作、成果转化以及相应材料和器件产业化将是未来的主要发展方向。**

- AIE 领域的产学合作规模仍处于初步阶段，但合作发文在近四年快速增长，已出现快速发展的势头。虽然产学合作发文的科研影响力虽略低于领域整体水平，但是个别高校与企业的合作发文展现了较高的科研影响力。AIE 领域研究在产学合作方面有持续成长的空间。
- AIE 科研文献受到了来自 OLED、制药、生物科技和化学制品等产业的专利引用，说明 AIE 科研成果直接促进了这些行业的技术创新，也反映出 AIE 科研成果的产业应用潜力。
- AIE 专利申请数量在 2015 年后进入快速增长期，中国是 AIE 材料和技术创新的最主要国家。当前 AIE 专利主要应用在化学、信息技术、医疗健康及电子等技术领域。目前，高校是 AIE 相关专利的研发主体，由企业主导开发的专利较少，但是鉴于近些年国家不断出台加快促进科技成果转化的政策和法律，这将加快促进 AIE 专利成果由高校到企业的转化，AIE 研究的应用探索和产业化是未来值得大力发展的方向。

AIE 材料在健康、环境、化工和精准医疗各个领域的广泛应用体现了 AIE 在理论和实际应用中的重要性。从基础研究、实验室研发到产业界应用，AIE 在未来将渗透到与人类生活息息相关的多个领域，提供性能更高、成本更低的解决方案。

综上，本报告通过对 AIE 领域科研文献和专利数据集合的搭建和分析，旨在对全世界范围内的 AIE 研究及其应用进行系统梳理，并在宏观层面上为 AIE 领域的科研发展提供战略性指导意见的数据支持。报告不免存在一定的局限性和亟待完善的地方，期待未来加入更多角度的数据分析和专家见解，进一步提升报告的内容。

附　录

附录 A　关键词序列方法论及详细序列

一、AIE 领域文集关键词检索

AIE 领域的科研文章采用了关键词序列的方法在 Scopus 全库中进行文章收集和分类。关键词序列是由爱思唯尔科研分析团队将专家提供的关键词进行多轮迭代和补充测试而组合形成。AIE 的最终文集还在关键词序列的基础上经过专家甄别剔除部分噪声文章。综合来说，关键词序列是从客观数据出发辅以研究领域专家的人工鉴别最终形成的。关键词序列在每一篇科研文章的标题、摘要和关键词（包含索引关键词和作者关键词）中进行定位，形成 AIE 领域的科研文章集。

AIE 领域文集的检索式如下：

TITLE-ABS-KEY (({aggregate induced emission} OR {aggregated induced emission} OR {aggregated induced emissions} OR {aggregated-induced emission} OR {aggregate-induced emission} OR {aggregation induced emission} OR {aggregation induced emissions} OR {aggregation induce emission} OR {aggregation induced emissive} OR {aggregation induced-emission} OR {aggregation induced-emissions} OR {aggregation induces emission} OR {aggregation-induce emission} OR {aggregation-induced emission} OR {aggregation-induced emissions} OR {aggregation-induced emissive} OR {aggregation-induced/-enhanced emission} OR {aggregation-induced-emission} OR {aggregation-induced-emissions} OR {aggregation-induced-emissive} OR {aggression-induced emission} OR {aggregation-induced emission} OR {Clustering-triggered emissions} OR {Clustering triggered emissions} OR {Clustering-triggered emission} OR {Clustering triggered emission} OR {clusterization triggered emission} OR {clusterization-triggered emission} OR {cluster-triggered emission} OR {cluster-triggered-emission} OR {Aggregation-induced delayed fluorescences} OR {Aggregation induced delayed fluorescences} OR {Aggregation-induced delayed fluorescent} OR {Aggregation induced delayed fluorescent} OR {Aggregation-induced delayed fluorescence} OR {Aggregation induced delayed fluorescence} OR {crystallisation-induced emission} OR {crystallization-induced-emission} OR {Crystallization-induced emissions} OR {Crystallization induced emissions} OR {Crystallization-induced emission} OR {Crystallization induced emission} OR {crystallization-induced emissive} OR {crystalization-induced emission} OR {crystalization induced emission} OR {Aggregation-induced Phosphorescent} OR {Aggregation-induced phosphorescence} OR {Aggregation induced phosphorescence} OR {Aggregation induced Phosphorescent} OR {Clusteroluminescence} OR {Clusteroluminescent} OR {AIEgen} OR {AIEgens} OR {AIE dots} OR {AIEdots} OR {AIE dot} OR {AIEdot} OR

{AIE-dots} OR {AIE-dot} OR {AIE light-up probes} OR {AIE light-up probe} OR {restriction of intramolecular motion} OR {restrictions of intramolecular motions} OR {restriction of intramolecular motions} OR {Tetraphenylethene} OR {Tetraphenylethylene} OR {Tetraphenyl ethylene} OR {Tetraphenyl ethene} OR {aggregation emission enhancement} OR {Aggregation-emission-enhancement} OR {Aggregate-enhanced emission} OR {Aggregate enhanced emission} OR {Aggregate-enhanced emissions} OR {Aggregation enhanced emission} OR {Aggregation-enhanced emission} OR {aggregation enhanced emissive} OR {AIE Metallocage} OR {AIE Metallocages} OR {AIE Photosensitizing} OR {AIE Photosensitizer} OR {AIE Photosensitizers} OR {AIE-photosensitizers} OR {AIE-photosensitizer} OR {AIE polymers} OR {AIE polymer} OR {AIE-polymers} OR {AIE-polymer} OR {restriction of intramolecular restrictions} OR {restriction of intramolecular restriction} OR {restriction of intramolecular vibration} OR {restriction of intramolecular vibrations} OR {restriction of intramolecular twist} OR {aggregation enhanced ROS generation} OR {aggregation-enhanced ROS Generation} OR {aggregation-enhanced reactive oxygen species generation} OR {aggregation enhanced reactive oxygen species generation} OR {vibration induced emission} OR {Vibration-induced Emission} OR {Vibration-Induced-Emission} OR {vibration-induced emissions} OR {aggregation-induced enhanced emission} OR {aggregation-induced enhanced emissions} OR {Aggregation-induced enhancement} OR {aggregation induced enhancement} OR {Aggregation-induced-enhancement} OR {aggregation-induced enhancements} OR {aggregation induced blue-shifted emission} OR {aggregation-induced blue-shifted emission} OR {Aggregation Induced Blue Shifted Emission} OR {aggregation induced blue shifted emissions} OR {aggregation-induced dual phosphorescence} OR {Aggregation-Induced Dual-Phosphorescence} OR {AIE mechanism} OR {AIE mechanisms} OR {AIE properties} OR {AIE property} OR {Restriction of intramolecular rotation} OR {polymerization induced emission} OR {polymerization-induced emission} OR {Polymerization-induced emissions} OR {polymerization induced emissions} OR {Assembly-induced Emission} OR {Assembly induced Emission} OR {assemblies induced emission} OR {aggregation-induced circularly polarized luminescence} OR {aggregation induced circularly polarized luminescence} OR {crystallization-induced dual emission} OR {crystallization induced dual emission} OR {anti-aggregation-caused quenching} OR {Anti-ACQ} OR {dual-state fluorescence} OR {dual state fluorescence} OR {dual-state luminescence} OR {dual state luminescence} OR {organic persistent room-temperature phosphorescence} OR {organic persistent room temperature phosphorescence} OR {aggregation-induced intersystem crossing} OR {aggregation induced intersystem crossing} OR {Aggregation induced two-photon} OR {aggregation-induced two-photon} OR {Aggregation induced three-photon} OR {aggregation-induced three-photon} OR {non-traditional luminescence} OR {non-traditional luminescent} OR {non conventional luminescence} OR {non conventional luminescent} OR {Aggregation-induced generation of reactive oxygen species} OR {Aggregation induced generation of reactive oxygen species} OR {Aggregation-enhanced Theranostics} OR {Aggregation enhanced Theranostics} OR {rigidification induced emission} OR {rigidification-induced emission} OR {aggregation induced third harmonic generation enhancement} OR {force induced luminescence} OR {force induced luminescent} OR {force-induced luminescence} OR {force-induced luminescent} OR {force-induced emission} OR {force induced emission} OR {aggregation-induced chirality} OR {Aggregation induced chirality} OR {aggregates-induced chirality} OR {aggregate state molecular motion} OR {aggregation state molecular motion} OR {intramolecular motion-induced photothermy} OR {solid-state molecular motion} OR {solid-state molecular motions} OR {Solid state molecular motion} OR {solid state molecular motions} OR {solid state: Molecular motion} OR {dual-state emissions} OR {dual state emissions} OR {dual-state emission} OR {dual state emission} OR {mechanochromic luminescence} OR {mechanochromic luminescent} OR {bioAIEgen} OR {bioaiegens} OR {aggregate-state emission} OR {aggregate-state emissions} OR {aggregate state emission} OR {aggregate state emissions} OR {aggregate states emission} OR {AIE characteristics} OR {AIE characteristic} OR {AIE molecules} OR {AIE molecule} OR (({aggregation induce} OR {Aggregation-induced} OR {Aggregation induced} OR {aggregation-induce} OR {aggregations induce}) AND ({mechanoluminescence} OR {mechanoluminescent} OR {Polymerization-induced self-assembly} OR {Polymerization induced self-assembly} OR {polymerisation-induced self-assembly} OR {polymerisation induced self-assembly} OR {Polymerization-induced self assembly} OR {Polymerization induced self assembly} OR {polymerisation-induced self assembly} OR {polymerisation induced self assembly} OR {coordination polymerization} OR {coordination polymerisation} OR {coordination polymerizations} OR {coordination, polymerization} OR {coordination-polymerization} OR {Electrochemiluminescence} OR {Electrochemiluminescent})) OR (({aggregation enhance} OR {aggregations enhance} OR {aggregation enhanced} OR {aggregation-enhanced}) AND ({theranostics} OR {Theranostic} OR {photodynamic} OR {photodynamics})) OR (({rigidification induce} OR {rigidification-induced} OR {rigidification induced}) AND ({emission} OR {emissions})) OR (({crystallisation-induced} OR {crystallization-induced} OR {crystallisation induced} OR {crystallization induced}) AND ({emission} OR {emissions})) OR (({aggregation-induced} OR {aggregation-induce} OR {aggregation induce} OR {aggregation induced}) AND ({phosphorescent} OR {phosphorescence})) OR {AIE-active} OR {AIE active} OR {aggregation-induced luminescence} OR {aggregation-induced luminescences} OR {aggregation induced luminescence} OR {aggregation induced luminescences} OR {aggregation-induced fluorescence} OR {aggregation-induced fluorescences} OR {aggregation-induced fluorescent} OR {aggregation induced fluorescence} OR {aggregation induced fluorescences} OR {aggregation induced fluorescent}OR (({Crystallization- induced} OR {Crystallization induced}) AND ({phosphorescence} OR {phosphorescences} OR {phosphorescent})) OR {Aggregation-enhanced fluorescence} OR {Aggregation enhanced fluorescence} OR {Anti-Kasha} OR {Anti Kasha} OR {Clustering-induced emissions} OR {Clustering induced emissions} OR {Clustering-induced emission} OR {Clustering induced emission} OR {clusterization induced emission} OR {clusterization-induced emission} OR {cluster-induced emission} OR {cluster-induced-emission} OR (({polymer fluorescent } OR {polymer fluorescents}) AND ({chemosensors} OR {chemosensor})) OR (({solid-state} OR {solid state}) AND {luminescence} AND {stacking} AND {molecular}) OR {Mechanically induced luminescence} OR {Mechanically-induced luminescence} OR {luminescent liquid crystal} OR {luminescent liquid crystals} OR {piezochromic luminescent} OR (({aggregation induce} OR {Aggregation-induced} OR {Aggregation induced} OR {aggregation-induce} OR {aggregations induce}) AND ({two-photon} OR {two photon} OR {three-photon} OR {three photon})) OR (({aggregation induce} OR {Aggregation-induced} OR {Aggregation induced} OR {aggregation-induce} OR {aggregations induce}) AND ({fluorescent} OR {fluorescents}) AND ({sensor} OR {sensors})))) OR (TITLE-ABS-KEY ({AIE} AND ({OLED} OR {OLEDs} OR {organic light emitting diode} OR {organic light emitting diodes} OR {organic light-emitting diode} OR {organic light-emitting diodes} OR {Silole} OR {Siloles} OR {(circularly polarized) luminescence} OR {Circularly Polarised Luminescence} OR {Circularly polarized luminescence} OR {Circularly-polarized luminescence} OR {CPL} OR {MOFs} OR {MOF} OR {metal organic framework} OR {metal organic frameworks} OR {metal-organic framework} OR {metal-organic frameworks} OR {metal-organic-framework} OR {metal-

聚集诱导发光
中国原创　世界引领——二十年征程巡礼

organic-frameworks} OR {metalorganic Frameworks} OR {mechanochromic system} OR {tetraphenythiophene} OR {maleimide} OR {maleimides} OR {cyanostilbene} OR {cyanostilbenes} OR {9,10-divinylanthracene} OR {9,10-Divinylanthracenes} OR {multi aryl pyrroles} OR {multi-aryl pyrroles} OR {multi aryl pyrrole} OR {multi-aryl pyrrole} OR {triphenylpyrrole} OR {triphenylpyrroles} OR {hexaphenyl-1 3-butadienes} OR {hexaphenyl-1,3-butadiene} OR {multiaryl-1,3-butadiene} OR {multiphenyl-1,3-butadiene} OR {tetraphenyl-1,3-butadiene} OR {tetraphenyl-1,3-butadienes} OR {OFET} OR {OFETs} OR {organic field effect transistor} OR {organic field-effect transistor} OR {organic field-effect transistors} OR {organic field effect transistors} OR {organic field-effect-transistor} OR {organic field-effect-transistors} OR {(organic) field-effect transistors} OR {organic-field-effect transistor} OR {organic-field-effect transistors} OR {electroluminescence} OR {electroluminescent} OR {electroluminescences} OR {electroluminescents} OR {photolithography} OR {highly refractive materials} OR {highly refractive material} OR {photothermal therapies} OR {photothermal therapy} OR {photothermal/photodynamic therapies} OR {photodynamic therapies} OR {photo-dynamic therapy} OR {photodynamic therapy} OR {Photodynamic-therapy} OR {anti-counterfeiting} OR {Anticounterfeiting} OR {anti-counterfeitings} OR {anti-counterfeit} OR {anti counterfeiting} OR {dark state} OR {dark-state} OR {dark states} OR {dark-states} OR {twisted intramolecular charge transfer} OR {twisted intra-molecular charge transfers} OR {twisted intramolecular charge-transfer} OR {twisting intramolecular charge transfer} OR {twisting-intramolecular-charge-transfer} OR {TICT} OR {TICTs} OR {Excited State Intramolecular Proton Transfer} OR {excited state intramolecular proton-transfer} OR {Excited-state Intramolecular Proton Transfer} OR {excited-state intramolecular proton transfer} OR {excited-state intramolecular proton transfers} OR {excited-state intramolecular proton-transfer} OR {excited-state-intramolecular-proton-transfer} OR {excited-state intramolecular-proton-transfer} OR {ESIPT} OR {clusterizations} OR {clusterization} OR {luminogens} OR {luminogen} OR {aggregation-caused quenching} OR {Aggregation Caused Quenching} OR {Aggregation Caused-quenching} OR {fluorophore} OR {fluorophores} OR {chiral} OR {chirals} OR {bio-probe} OR {bioprobes} OR {bio-probes} OR {bioprobe} OR {mechanochromic} OR {mechanochromism} OR {intraligand charge transfer} OR {lighte mission} OR {lighte missions} OR {light-emission} OR {light-emissions} OR ({intramolecular} AND {charge} AND {transfer}) OR {supramolecular} OR {photophysical} OR {Self Assembly} OR {Self-assembly} OR {photoluminescent} OR {photoluminescence} OR {Aggregate science} OR {aggregates science} OR {chemosensors} OR {chemosensor} OR {photoacoustic imaging} OR {Photo-acoustic Imaging} OR {through-space conjugation} OR {through space conjugation} OR {through space interaction} OR {through space interactions} OR {through-space interactions} OR {through-space interaction} OR {through-space interaction} OR {'through-space' interaction} OR {through-space interactions} OR {through-space-interactions} OR {image-guided therapy} OR {image guided therapy} OR {image-guided therapies} OR {image guided therapies} OR {photovoltaic cell} OR {photovoltaic cells} OR {molecular design} OR {molecular designs} OR {molecular-design} OR {molecular-designs} OR {molecular rotor} OR {molecular rotors} OR {Solid State Emission} OR {Solid State Emissions} OR {Solid-state Emission} OR {Solid-state Emissions} OR {Hyperbranched Polymers} OR {Hyperbranched Polymer} OR {multimodal Therapy} OR {multimodal therapies} OR {multimodal-therapy} OR {multimodal-therapies} OR {Theranostics} OR {Theranostic} OR {phototheranostics} OR {phototheranostic} OR {cell tracking} OR {cell-tracking} OR {cells tracking} OR {cells-tracking} OR {immunological therapy} OR {immunological therapies} OR {Structure Property} OR {Structure-property} OR {structure properties} OR {structure-properties} OR {Structural Property} OR {Structural-property} OR {Structural Properties} OR

{Structural-Properties} OR {Hot Exciton} OR {Hot Excitons} OR {Hot-Exciton} OR {Hot-excitons} OR {Photoacoustic} OR {photoacoustics} OR {molecular tailoring} OR {2D materials} OR {2D material} OR {Molecular Motions} OR {Molecular Motion} OR {Microcapsule} OR {Microcapsules} OR {Afterglow} OR {Afterglows} OR {aggregated state} OR {aggregated states} OR {mechanoluminescence} OR {mechanoluminescent} OR {Polymerization-induced self-assembly} OR {Polymerization induced self-assembly} OR {polymerisation-induced self-assembly} OR {polymerisation induced self-assembly} OR {Polymerization-induced self assembly} OR {Polymerization induced self assembly} OR {polymerisation-induced self assembly} OR {polymerisation induced self assembly} OR {coordination polymerization} OR {coordination polymerisation} OR {coordination polymerizations} OR {coordination, polymerization} OR {coordination-polymerization} OR {room temperature phosphorescence} OR {room-temperature phosphorescence} OR {room-temperature-phosphorescence} OR {RTP} OR {delay fluorescence} OR {delay fluorescent} OR {delayed fluorescence} OR {delayed fluorescences} OR {delayed fluorescent} OR {delayed-fluorescence} OR {delayed-fluorescences} OR {delayed-fluorescent} OR {delayer fluorescence} OR {delayer fluorescent} OR {ligand charge transfer} OR {ligand charge-transfer} OR {ligand-charge-transfer} OR {ligand charge transfers} OR {ligand-charge transfer} OR {near infrared} OR {near-infrared} OR {hydrogel} OR {hydrogels} OR {sensor} OR {sensors} OR {Fluorescence} OR {Fluorescent} OR {Fluorescences} OR {Fluorescents} OR {schiff base} OR {Schiff Bases} OR {Schiff-base} OR {Schiff's base} OR {Schiff's bases} OR {Schiff-bases} OR {Schiffs base} OR {Schiff' base} OR {Schiff' bases} OR {schiffs' base} OR {Schiff's-base} OR {liquid crystal} OR {liquid crystalline} OR {liquid crystallinity} OR {liquid crystals} OR {liquid-crystal} OR {liquid-crystals} OR {Stimuli response} OR {Stimuli responses} OR {Stimuli responsive} OR {Stimuli responsiveness} OR {stimuli-response} OR {Stimuli-responses} OR {Stimuli-responsive} OR {Stimulus response} OR {Stimulus responses} OR {Stimulus responsive} OR {Stimulus responsiveness} OR {Stimulus-response} OR {Stimulus-responses} OR {Stimulus-responsive} OR {nonlinear optical} OR {non-linear optical} OR {nonlinear optics} OR {nonlinear-optics} OR {nonlinear-optical} OR {Nonlinear, optics} OR {luminescence} OR {luminescent} OR {luminescences} OR {luminescents} OR {Micelles} OR {Micelle} OR {solar cells} OR {solar cell} OR {solar-cell} OR {solar-cells} OR {two-photon} OR {two photon} OR {three-photon} OR {three photon}))) AND PUBYEAR > 2000 AND PUBYEAR < 2022

二、九个研究领域文集关键词检索

第三章"AIE 研究的延伸领域"一节的九个研究领域的科研文章采用了关键词序列的方法在 Scopus 全库中进行文章收集和分类：关键词序列是由爱思唯尔科研分析团队将专家提供的关键词序列在每一篇科研文章的标题、摘要和关键词（包含索引关键词和作者关键词）中进行定位，形成九个研究领域文集。九个领域文集的检索式如下：

1. Thermally activated delayed fluorescence（TADF）

TITLE-ABS-KEY ({thermal activated delayed fluorescence} OR {thermal activated delay fluorescence} OR {thermal activated delay fluorescent} OR {thermal activated delayed fluorescent} OR {Thermal activation delayed fluorescence} OR {thermal assisted delayed fluorescence} OR {thermal-activated delayed fluorescence} OR {thermally activally delayed fluorescence} OR {thermally activally delayed fluorescent} OR {thermally activated delay fluorescence} OR {thermally activated delay fluorescent} OR {thermally activated delayed fluorescence} OR {thermally activated delayed fluorescences} OR {thermally activated delayed fluorescent} OR {thermally activated delayed-fluorescence} OR {thermally activated delayed-fluorescences} OR {thermally activated delayed-fluorescent} OR {thermally activated delayer fluorescence} OR {thermally activated delayer fluorescent} OR {thermally active delayed fluorescence} OR {thermally active delayed fluorescent} OR {thermally activated (E-type) delayed fluorescence} OR {thermally activated delayed (E-type) fluorescence} OR {thermally activated, delayed fluorescence} OR {thermally-activated delayed fluorescence} OR {thermally-activated delayed fluorescences} OR {thermally-activated delayed fluorescent} OR {thermally-activated delayed-fluorescent} OR {thermally-activated, delayed fluorescence} OR {thermally-activated-delayed-fluorescence})

2. Room temperature phosphorescence

TITLE-ABS-KEY ({room temperature phosphorescence} OR {room-temperature phosphorescence} OR {room-temperature-phosphorescence})

3. Mechanoluminescence

TITLE-ABS-KEY ({mechanoluminescence} OR {mechanoluminescent} OR {mechanochromism})

4. Carbon dots

TITLE-ABS-KEY ({carbon dots} OR {carbon dot} OR {carbon-dot} OR {carbon-dots})

5. Circularly polarized luminescence

TITLE-ABS-KEY ({Circularly polarized luminescence} OR {Circularly Polarised Luminescence} OR {Circularly-polarized luminescence} OR {(circularly polarized) luminescence})

6. Bioprobe

TITLE-ABS-KEY ({bio-probe} OR {bioprobes} OR {bio-probes} OR {bioprobe})

7. Luminescent solar concentrator

TITLE-ABS-KEY ({Luminescent solar concentrator} OR {luminescent solar concentrators} OR {Luminescent-solar-concentrator} OR {luminescent-solar-concentrators} OR {Luminescence Solar concentrator} OR {Luminescence solar concentrators} OR {Luminescence-solar-concentrator} OR {Luminescence-solar-concentrators})

8. Excited state intramolecular proton transfer (ESIPT)

TITLE-ABS-KEY ({excited state intramolecular proton transfer} OR {excited state intramolecular proton-transfer} OR {excited-state intramolecular proton transfer} OR {excited-state intramolecular proton transfer} OR {excited-state intramolecular proton transfers} OR {excited-state intramolecular proton-transfer} OR {excited-state-intramolecular-proton-transfer} OR {excited-state intramolecular-proton-transfer} OR {ESIPT})

9. Twisted intramolecular charge transfer (TICT)

TITLE-ABS-KEY ({twisted intramolecular charge transfer} OR {twisted intra-molecular charge transfers} OR {twisted intramolecular charge-transfer} OR {twisting intramolecular charge transfer} OR {twisting-intramolecular-charge-transfer} OR {twisted-intramolecular-charge-transfer} OR {TICT})

附录 B　Scopus 数据库

本报告所使用的 Scopus 数据库是爱思唯尔的同行评议文章摘要和引文数据库，涵盖约 105 个国家 / 地区的 5000 家出版商出版的 39000 多种期刊、丛书和会议记录中发表的 7730 万篇文章。

Scopus 的覆盖范围是多语种和全球性的：Scopus 中大约 46% 的出版物是以英语以外的语言发布的（或以英语和其他语言发布的）。此外，超过一半的 Scopus 内容来自北美以外地区，代表了欧洲、拉丁美洲、非洲和亚太地区的许多国家。

Scopus 的覆盖范围还包括所有主要研究领域，其中关于自然科学刊物约 13300 个、健康科学 14500 个、生命科学 7300 个、社会科学 12500 个（后者包括大约 4000 个与艺术和人文有关的学科）。所涉及的刊物主要是系列出版物（期刊、贸易期刊、丛书和会议材料），相当数量的会议论文也从独立的会议记录卷（一个主要的传播机制，特别是在计算机科学中）中涉及。Scopus 认识到所有领域（尤其是社会科学和艺术与人文学科）的大量重要文章都是以图书形式出版的，因此自 2013 年开始增加图书覆盖率。截至 2018 年，Scopus 共收录 175 万册图书，其中社会科学类 40 万册，人文艺术类 29 万册。

此外，在开放获取（Open Access）的文章类型方面，Scopus 约包含 789 万文章，有 5500 多本金色 OA 期刊涵盖其中。

在专利方面，Scopus 包含了五个主要知识产权局或专利局：美国专利及商标局（USPTO）、欧洲专利局（EPO）、日本特许厅（JPO）、英国知识产权局（UKIPO）和世界知识产权组织（WIPO）的约 4370 万个专利。

Scopus 数据的更新频率以天为单位，每天会更新约 10000 篇。

附录 C　SciVal 数据库

爱思唯尔的新一代 SciVal 科研数据分析平台为全球超过 12000 家研究机构和 230 个国家提供了快速、便捷的研究成果。作为一个拥有多种功能和极具灵活性的即用型解决方案，SciVal 使用户能够在研究领域中导航，设计多个优化方案来分析科研表现。爱思唯尔还通过 SciVal Spotlight 和 SciVal Strata 与全球许多领先机构进行常年合作，不断给 SciVal 的完善提供丰富经验。

一、数据源

SciVal 基于 Scopus，使用 Scopus 从 1996 年到现在的数据，覆盖超过 4800 万条记录，包括来自 5000 家出版商的 21000 部系列刊物。其中包括：

- 22000 多种同行评审期刊；
- 360 种贸易出版物；
- 1100 种系列丛书；
- 550 万份会议文件。

二、指标

SciVal 提供了广泛的行业认可和易于解释的指标，包括雪球指标（Snowball metrics），这是经过高等教育机构一致同意并制定的为机构战略决策而服务的标准指标。

附录 D　LexisNexis® PatentSight® 专利数据库及专利检索

LexisNexis® PatentSight® 是一款基于 BI（商务智能）的集专利检索、评价、分析功能于一体的数据库，该系统致力于帮助企业和研究机构获得关于专利及专利组合 / 专利族影响力、质量和相关价值的深度分析。目前 LexisNexis® PatentSight® 收录了全球 115 个国家 / 地区的专利授权机构发布的专利文献。

LexisNexis® PatentSight® 拥有全球专利评估工具 Patent Asset Index™。该工具经过系统科学开发并由 LexisNexis® PatentSight® 独家提供，从海量专利中识别高影响力专利，并以此为可靠专利分析的先决条件。此外，该工具可针对竞争对手、供应商、客户、指定技术领域和新市场进入者的专利组合进行分析，以识别潜在机会和威胁。

更多详情请访问：https://cn.lexisnexisip.com/products/patent-sight/.

一、AIE 专利检索目的

专利检索的目的是利用专利数据库 LexisNexis®PatentSight® 平台收录的全球 115 个国家 / 地区的专利授权机构发布的专利文件对 AIE 相关专利进行检索，通过对 AIE 专利的分析以反映当前 AIE 领域的现有技术状况。

二、AIE 专利检索策略

AIE 为新兴科研领域，现有各体系的技术分类中不存在相应的确切分类号，故检索采用 AIE 领域的关键词作为专利检索入口，同时搭配专利技术分类（CPC）作为限定进而进行全面的领域专利检索。具体来说，AIE 专利检索工作分为核心专利检索、拓展专利检索、补充检索以及专利申请日限定四个步骤。

1. 核心专利检索

核心专利检索目的是通过 AIE 领域指向性明显的关键词，在专利文件的"专利名称（Title）、摘要（Abstract）、权利要求书（Claim）"等特定文本区域进行不限定专利技术分类的全面检索。由于以上三个文本区域是关于一个专利的发明概述，创造新颖性，确定发明保护范围等核心信息的集中区域，由 AIE 关键检索词命中的专利可被认为是 AIE 核心专利。

由于核心专利的检索主要通过关键词确定，关键词决定了检索的准确性和全面性，以下将简略介绍 AIE 专利关键词选取的工作思路。

关键词选取应表达 AIE 领域或技术分支的技术特点，使得检索结果尽量不带进非相关技术领域的专利；此外，关键词对于整个领域应具有一般性和普遍性，旨在能通过一定数量的关键词检索到较为全面的领域相关专利。基于以上两点考量，报告参考了 AIE 科研文献检索式的工作结果，从 AIE 现象、AIE 机理、AIE 材料特性、AIE 应用四个方面，选取了 AIE 科研文献检索中文献量较大的主要关键词，结合 AIE 专利文件的常用表达形式，筛选出 33 个 AIE 专利检索关键词，AIE 具体关键词的检索表达式见表 D.1。

表 D.1　AIE 核心专利检索关键词表达式

((aggregat* SEQ2 (induce% SEQ2 emissi*))	(AIE propert*)
(aggregat* SEQ2 (induce% SEQ2 enhance*))	(AIE compound%)
(aggregat* SEQ2 (induce% SEQ2 phosphescen*))	(AIE effect%)
(aggregat* SEQ2 (induce% SEQ2 fluescen*))	(AIE performance%)
(aggregat* SEQ2 (induce* SEQ2 luminescen*))	(AIE molecule%)
(aggregat* SEQ2 (enhance* SEQ2 emissi*))	(AIE SEQ2 TADF)
(Aggregat* SEQ2 (enhance* SEQ2 fluescen*))	(AIE material%)
(crystalli* SEQ2 (induce* SEQ2 emissi*))	(Aggregation enhance% ROS generation)
(Cluster* induce% emission%)	(AIE photosensiti?er)
(polymeri* SEQ2 (induce* SEQ2 emission%))	(AIE SEQ2 probe%)
(assemb* SEQ2 (induce* SEQ2 emissi*))	(restriction% of intra_molecular motion%))
(AIEgen%)	(aggregat* SEQ2 (induce% SEQ2 emitting))
(AIE active)	(AIE AND (Aggregat* SEQ2 quenching))
(AIE_dot%)	(AIE Fluescen*)
(AIE Photosensiti*)	(AIE SEQ2 fluorophore%)
(AIE polymer%)	(AIE Characteristic%)
(AIE lumino*)	

2. 拓展专利检索

考虑到核心专利检索仅限定在专利文件的"专利名称（Title）、摘要（Abstract）、权利要求书（Claim）"等特定文本区域进行检索，为了进一步扩大检索范围，获取可能漏检的相关专利，在拓展专利检索中，报告采用 AIE 关键词[*]在专利文件的"说明书（Description）"文本区域内进行进一步检索，由于"说明书（Description）"主要为列举或论述发明的技术特征，作为与主要技术主题相关的补充说明，拓展检索可能会引入

---

* 由于关键词"AIE compound"在拓展检索中引入噪声文献，该关键词在拓展检索中被移除。

并非 AIE 领域的专利，故报告对拓展检索的结果加以专利技术分类（CPC 4 级分类）的限定。具体来说，报告根据核心专利检索中得到的核心 AIE 专利数量分布前九的 CPC 4 级分类作为拓展检索的限定技术分类，具体解释如下：

核心专利检索命中的 AIE 专利一共分布在 479 个 CPC 4 级分类里。其中，专利数量排名前九的 CPC 4 级分类是 AIE 核心专利最集中的分类，囊括了 76% 的核心专利数量，从数量排名往后的 CPC 4 级分类，每新增一个新的 CPC 分类，新增 AIE 核心专利数量小于 3 个，故报告认为专利分布数量排名前九的 CPC 4 级分类可被作为与 AIE 核心专利高度相关的专利分类，9 个 CPC 技术分类也与欧洲专利局中检索 "Aggregation induced emission" 得到的相关技术分类基本吻合。表 D.2 具体列示了 9 个 CPC 4 级分类号及名称。

表 D.2　9 个 AIE 相关的 CPC 4 级分类列表

CPC 4 级技术分类号	分类名称
C09K 11	Luminescent, e.g. electroluminescent, chemiluminescent materials
C09K 2211	Chemical nature of organic luminescent or tenebrescent compounds
G01N 21	Investigating or analysing materials by the use of optical means, i.e. using infra-red, visible or ultra-violet light G01N3/00-G01N19/00 take precedence
G01N 2021	General arrangement of respective parts
A61K 49	Preparations for testing in vivo
A61K 41	Medicinal preparations obtained by treating materials with wave energy or particle radiation ; Therapies using these preparations
A61P 35	Antineoplastic agents
H01L 51	Solid state devices using organic materials as the active part, or using a combination of organic materials with other materials as the active part | Processes or apparatus specially adapted for the manufacture or treatment of such devices, or of parts thereof devices consisting of a plurality of components formed in or on a common substrate H01L27/28; thermoelectric devices using organic material H01L35/00, H01L37/00; piezoelectric, electrostrictive or magnetostrictive elements using organic material H01L41/00
G01N 33	Investigating or analysing materials by specific methods not covered by groups G01N1/00 - G01N31/00

3. 补充检索

在补充检索中加入"广东省大湾区华南理工大学聚集诱导发光高等研究院"、"香港科技大学"和"华南理工大学"作为专利所有人，且"专利名称（Title）、摘要（Abstract）、权利要求书（Claim）、说明书（Description）"中含有"AIE"关键词的检索，作为核心专利检索和拓展专利检索的补充。

4. 专利申请日限定

将核心检索,拓展检索以及补充检索的结果进行合并,并在此基础上进一步限定了"专利申请日发生于 2001 年 1 月 1 日之后"的检索条件,以确保所有获取到的 AIE 相关专利的申请发生在 2001 年 1 月 1 日或以后。最终得到下一步专利分析的 AIE 专利集合。

附录 E 定量指标说明

发文量：发文量数值统计了被评估主体包含期刊文章、会议文集、综述文章、发表丛书的所有文章，代表了被评估主体在某一个固定时间段内的科研产出。

被引次数：是指在某一个固定时间段内被评估主体所发表文章的所有被引用次数，在一定程度上反映了被评估主体发表文章的学术影响力。但是也需要考虑到，发表时间较近的文章相比于年份较久的文章，会由于积累时间较少而导致总被引次数较少。

归一化引文影响力（Field Weighted Citation Impact, FWCI）：FWCI 在一定程度上反映了被评估主体发表文章的学术影响力，相比于总被引次数，FWCI 从被评估主体发表文章所收到的总被引次数相比于与其同类型发表文章（相同发表年份、相同发表类型和相同学科领域）所收到的平均被引次数的角度出发，能够更好地规避不同规模的发表量、不同学科被引特征、不同发表年份带来的被引数量差异。如果 FWCI 为 1 意味着被评估主体的文章被引次数正好等于整个 Scopus 数据库同类型文章的平均水平。

FWCI 的计算公式如下：

$$\text{FWCI} = \frac{C_i}{E_i}$$

式中，C_i 表示文章收到的引用次数；E_i 表示所有同类型文章在出版年和其后 5 年内的平均被引次数。

如果一个文集包含 N 篇文章，那么这个文集的 $\overline{\text{FWCI}}$ 可通过以下公式计算：

$$\overline{\text{FWCI}} = \frac{1}{N}\sum_{i=1}^{N}\frac{C_i}{E_i}$$

式中，N 表示文集中被 Scopus 数据库索引的文章数量。

FWCI 使用 5 年时间窗口进行被引次数的统计。例如，2012 年出版物的 FWCI 均值是根据 2012 年发表的文献在 2012~2017 年的引文进行计算的。如果一篇文章的发表时间不足 5 年，在计算时使用数据提取日的所有引文。

年均复合增长率（Compound Annual Growth Rate，CAGR）：是在特定时期内的年度增长率，计算方法为总增长率百分比的 n 方根，n 为有关时期内的年数，公式为：

$$\text{CAGR} = \left(\frac{现有数量}{起始数量}\right)^{\frac{1}{n}} - 1$$

学术科研合作包含三类：国际/地区合作、国内合作和机构内合作，其中：

- **国际/地区合作文章**：是指文章的发表作者为多位作者，且作者中至少有一位隶属于国外/地区的研究机构（此作者不隶属于本机构），其表明了该类文章源于国际/地区合作的成果。
- **国内合作文章**：是指文章的发表作者为多位作者，作者中没有隶属于国外研究机构，但是至少有一位隶属于国内其他研究机构（此作者不隶属于本机构），其表明了该类文章源于国内合作的成果。
- **机构内合作文章**：是指文章的发表作者为多位作者，作者中既没有隶属于国外研究机构，也没有隶属于国内其他研究机构，而全部隶属于本机构，其表明了该类文章源于机构内合作的成果。
- **独立研究**是指文章发表作者为一人，该项作为对比项进行展示。

产学合作文章：是指文章的发表作者为多位，作者的隶属单位至少有一位属于学术机构，且至少有一位隶属于企业，其表明了该类文章源于产学合作的成果。

研究主题：研究主题是一群具有共同研究兴趣的文章集合，代表了这些文章研究内容的共同焦点。在 Scopus 数据库中，所有的文章通过直接被引的算法归类于约 96000 个研究主题中。在具体一个研究主题中的文章之间是强被引关系，弱被引关系的文章将被归于不同的研究主题中，详见研究主题聚类示意图（图 E.1）。

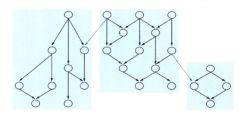

图 E.1　研究主题聚类示意图

圆圈表示文章，实线箭头表示强被引关系，虚线箭头表示弱被引关系。存在强被引关系的文章被分在同一个研究主题下，存在弱被引关系的文章则被归于不同的研究主题中

研究主题全球显著度：该指标采用了研究主题的三个指标进行线性计算：被引次数、在 Scopus 中的被浏览数和平均期刊因子 CiteScore。其体现了该研究主题被全球学者的关注度、热门程度和发展势头，并且显著度与研究资金、补助等呈现正相关关系，通过寻找显著度高的研究主题，可以指导科研人员及科研管理人员获得更多的基金资助。主题全球显著度得分是根据引文数、浏览次数和 CiteScore 计算主题研究方向的显著度值。

专利数量（Portfolio Size）：去除同族后有效专利数量。

专利资产指数（Patent Asset Index™，PAI）：PAI 是一个专利集中所有专利的 Competitive Impact（竞争力）值的总和。平均而言，影响力越大的专利，总体上影响力越高。本指标广泛用于知识产权部门、竞争情报、政府竞争主管部门以及投资者关系。

专利竞争力（Competitive Impact，CI）：CI 是技术影响力（Technology Relevance）与市场影响力（Market Coverage）的乘积。每个专利（族）被赋予一个 CI 值。在分析中，一个专利集合的 CI 值为该专利集平均 CI 值。

技术影响力（Technology Relevance，TR）：TR 是衡量一个专利（族）对技术发展影响力的指标。通过计算一件专利在全球范围内被引证的数量，同时根据该专利的公开时间、引证来自的专利局以及技术领域的不同进行算法调整，得出被评价专利族相对技术影响力。简单而言，例如一个专利（族）的 TR 值为 2，表明该专利（族）的技术影响力是同年公开的、同一技术领域的专利影响力均值的两倍。

市场影响力（Market Coverage，MC）：MC 是衡量一项专利（族）在全球范围内的保护程度。该指标的计算考量了被评价专利（族）申请的同族国家数量以及世界银行各国当年的国民收入总值。同时考量了各个同族专利的申请、授权或失效的法律状态。

附录 F　对标国家及地区说明

本报告采用对标分析的国家和地区包括：中国、美国、日本、新加坡、印度、欧洲地区（包含欧盟 27 国和英国）、亚太地区（不含中国境内）、北美地区和全球。

欧洲地区包含奥地利、比利时、保加利亚、塞浦路斯、克罗地亚、捷克共和国、丹麦、爱沙尼亚、芬兰、法国、德国、希腊、匈牙利、爱尔兰、意大利、拉脱维亚、立陶宛、卢森堡、马耳他、荷兰、波兰、葡萄牙、罗马尼亚、斯洛伐克、斯洛文尼亚、西班牙、瑞典和英国在内的 28 个国家。

亚太地区（不含中国境内*）包括除了中国境内以外的 58 个国家/地区，分别是：印度、日本、澳大利亚、韩国、马来西亚、新加坡、印度尼西亚、巴基斯坦、新西兰、泰国、越南、孟加拉国、菲律宾、哈萨克斯坦、斯里兰卡、格鲁吉亚、尼泊尔、亚美尼亚、阿塞拜疆、乌兹别克斯坦、文莱达鲁萨兰国、蒙古国、柬埔寨、缅甸、斐济、吉尔吉斯斯坦、老挝、巴布亚新几内亚、新喀里多尼亚、塔吉克斯坦、法属波利尼西亚、朝鲜、不丹、关岛、所罗门群岛、马尔代夫、瓦努阿图、萨摩亚、东帝汶、土库曼斯坦、密克罗尼西亚联邦、帕劳、汤加、美属萨摩亚、库克群岛、基里巴斯、马绍尔群岛、北马里亚纳群岛、特克斯和凯科斯群岛、图瓦卢、瑙鲁、纽埃、美国小离岛、沃利斯和富图纳、诺福克岛、中国香港、中国台湾、中国澳门。

北美地区包含美国和加拿大两国。

本报告对标分析的国内区域包括：中国香港、中国台湾、长三角地区（包括上海市、江苏省、浙江省、安徽省）、珠三角地区（广东省）以及京津冀地区（包括北京市、天津市、河北省）。

---

* 为了体现中国境内（中华人民共和国出入境管理和中国海关等部门目前所管辖范围之内的地区，不包含香港特别行政区、澳门特别行政区和台湾地区）发文与亚太其他地区发文的对比，特将香港、台湾和澳门地区放入本报告所定义的对标地区——亚太地区。

附录 G　ASJC 学科说明

Scopus 主要使用的学科分类为全学科期刊分类（All Science Journal Classification，ASJC），该分类方法是爱思唯尔内部专家以期刊作为筛选层级对整个 Scopus 库中的科研文章进行分类，共划分为 27 个大类和 334 个子类，27 个大类如表 G.1 所示。

表 G.1　Scopus 学科分类——27 个 ASJC 学科

综合学科*	免疫和微生物学
农业和生物科学	材料科学
艺术和人文	数学
生化、遗传和分子生物学	医学
商业、管理和会计	神经科学
化学工程	护理学
化学	药理学、毒理学和药剂学
计算机科学	物理学和天文学
决策科学	心理学
地球与行星科学	社会科学
经济、经济计量学和金融	兽医学
能源	牙医学
工程	健康科学
环境科学	

* 综合学科指由具有多学科或交叉学科性质的期刊构成的学科，例如 Nature 和 Science。

附录 H 全球 AIE 领域发文量或被引次数前五十机构

表 H.1 全球 AIE 文献发文量和总被引次数排名前五十机构（2001~2021 年）

机构名称	机构隶属国家	发文量	总被引次数	前 1% 高被引文献数量	前 10% 高被引文献数量	发文量排名	被引频次排名
香港科技大学	中国	1185	95887	162	653	1	1
华南理工大学	中国	1052	56780	107	522	2	2
中国科学院	中国	755	39792	55	308	3	3
吉林大学	中国	434	20225	30	186	4	6
浙江大学	中国	381	33549	46	184	5	4
北京大学	中国	298	15228	23	133	6	7
新加坡国立大学	新加坡	296	24347	42	198	7	5
清华大学	中国	283	11135	15	97	8	10
南京大学	中国	212	6354	5	81	9	16
中山大学	中国	207	12522	20	95	10	9
中国科学院大学	中国	206	7225	9	71	11	12
深圳大学	中国	204	6062	18	111	12	18
华中科技大学	中国	203	6967	10	91	13	14
武汉大学	中国	181	8573	16	87	14	11
北京理工学院	中国	175	4589	5	56	15	20
华东理工大学	中国	169	6543	13	55	16	15
天津大学	中国	163	3950	10	57	17	26
山东大学	中国	156	4068	3	44	18	22
南昌大学	中国	153	5069	10	43	19	19
新加坡科技研究局	新加坡	146	15026	22	106	20	8
上海交通大学	中国	146	7140	16	66	20	13
法国国家科学研究中心（CNRS）	法国	135	4025	4	32	22	23
南开大学	中国	134	6345	22	70	23	17

聚集诱导发光
中国原创　世界引领——二十年征程巡礼

续表

机构名称	机构隶属国家	发文量	总被引次数	前1%高被引文献数量	前10%高被引文献数量	发文量排名	被引频次排名
东吴大学	中国	132	2624	3	46	24	35
北京化工大学	中国	130	3841	6	51	25	27
北京师范大学	中国	107	4025	7	41	26	23
四川大学	中国	106	2560	5	28	27	37
郑州大学	中国	105	3215	10	48	28	31
西北师范大学	中国	98	1866	3	21	29	47
安徽大学	中国	97	2673	1	25	30	34
复旦大学	中国	96	3732	13	45	31	29
中国科学技术大学	中国	85	2323	1	27	32	38
京都大学	日本	84	3981	5	35	33	25
杭州师范大学	中国	77	4102	6	35	34	21
南京工业大学	中国	77	2268	4	29	34	39
南方科技大学	中国	77	1825	4	29	34	48
东北师范大学	中国	67	1978	1	23	37	42
香港中文大学（深圳）	中国	67	383	0	23	37	210
南方医科大学	中国	66	1665	2	27	39	54
国家纳米科学技术中心	中国	64	2785	2	31	40	33
青岛科技大学	中国	64	1304	1	13	40	69
南京东南大学	中国	64	1161	1	22	40	77
华南师范大学	中国	59	1610	3	18	43	59
山西大学	中国	59	832	3	22	43	108
南京邮电大学	中国	58	1800	1	22	45	49
皮拉尼比尔拉理工学院	印度	58	1145	0	10	45	78
西南大学	中国	57	1426	2	27	47	64
大连理工大学	中国	56	1262	1	13	48	70
华中师范大学	中国	55	1628	5	22	49	57
中国地质大学（武汉）	中国	53	1252	4	23	50	72
香港城市大学	中国	52	1904	6	32	51	46
华东师范大学	中国	49	1746	3	20	53	50
南洋理工大学	新加坡	48	3833	7	33	57	28
首尔国立大学	韩国	45	3468	4	23	65	30
弗林德斯大学	澳大利亚	40	2587	2	10	79	36
杜伦大学	英国	34	1915	3	23	94	45

续表

机构名称	机构隶属国家	发文量	总被引次数	前1%高被引文献数量	前10%高被引文献数量	发文量排名	被引频次排名
犹他大学	美国	26	2869	7	22	122	32
弗吉尼亚大学	美国	24	1932	2	13	132	43
马德里奥特诺玛大学	西班牙	16	2061	4	8	201	40
纽约州立大学水牛城分校	美国	15	1931	4	7	217	44
IMDEA 纳米科学研究所	西班牙	11	1985	4	7	262	41

附录 I 对标国家和国内区域发文量前十机构

表 I.1 对标国家 AIE 文献发文量排名前十机构（2012~2021 年）

对标国家	机构名称	机构发文量	总被引次数	FWCI	前 1% 高被引文献数量	前 10% 高被引文献数量	发文量排名
AUS	弗林德斯大学	40	2587	2.2	2	10	1
	墨尔本大学	37	1515	2.1	1	19	2
	墨尔本皇家理工大学	31	922	1.5	1	5	3
	乐卓博大学	30	766	1.8	1	12	4
	澳大利亚国立大学	13	200	1.4	0	4	5
	斯温伯恩理工大学	10	111	1.0	0	1	6
	新南威尔士大学	10	138	2.1	0	3	6
	ARC 激子科学卓越中心	10	110	1.3	0	2	6
	英联邦科学与工业研究组织（CSIRO）	6	104	1.2	0	1	9
	迪肯大学	6	129	1.3	0	1	9
	莫纳什大学	6	43	0.8	0	0	9
	悉尼理工大学	6	36	1.3	0	1	9
CAN	西部大学	10	117	1.1	0	2	1
	不列颠哥伦比亚大学	7	279	2.3	0	3	2
	蒙特利尔大学	6	60	0.8	0	0	3
	阿尔伯塔大学	6	105	0.9	0	0	3
	卡尔加里大学	6	178	1.3	0	1	3
	卡尔顿大学	5	306	2.2	0	3	6
	纽芬兰纪念大学	5	9	0.5	0	0	6
	滑铁卢大学	5	175	2.5	0	2	6
	马尼托巴大学	4	68	2.0	0	2	9
	新不伦瑞克大学	4	69	1.1	0	1	9

续表

对标国家	机构名称	机构发文量	总被引次数	FWCI	前1%高被引文献数量	前10%高被引文献数量	发文量排名
CHN	香港科技大学	1090	67828	3.2	134	590	1
	华南理工大学	1046	55542	2.9	105	517	2
	中国科学院	713	27046	2.3	44	281	3
	吉林大学	402	15802	2.4	25	161	4
	浙江大学	305	15470	2.7	27	137	5
	清华大学	275	10474	2.1	14	92	6
	北京大学	266	11808	2.5	20	110	7
	南京大学	212	6354	2.1	5	81	8
	深圳大学	202	5986	2.8	18	110	9
	华中科技大学	199	6797	2.3	10	90	10
DEU	明斯特大学	25	479	1.3	0	6	1
	杜伊斯堡-埃森大学	21	441	1.1	1	2	2
	杜塞尔多夫海因里希-海涅大学	16	226	1.6	0	2	3
	德国伍珀塔尔大学	15	395	1.7	0	3	4
	卡尔斯鲁厄理工学院	13	265	1.6	0	3	5
	德国海德堡大学	13	260	1.7	1	2	5
	埃尔兰根-纽伦堡弗里德里希·亚历山大大学	7	124	1.5	0	1	7
	柏林自由大学	6	88	0.8	0	0	8
	维尔茨堡大学	6	348	2.8	1	4	8
	柏林联邦材料研究与试验研究所	6	56	0.7	0	0	8
	马克斯·普朗克聚合物研究所	6	131	1.4	0	1	8
IND	皮拉尼比尔拉理工学院	58	1145	1.3	0	10	1
	科学与创新研究院	48	796	1.3	0	9	2
	印度技术学院古瓦哈提	46	1311	1.5	0	12	3
	阿姆利泽纳那克大学	40	1111	1.5	0	12	4
	印度科学研究所班加罗尔	40	1667	2.1	0	19	4
	印度科学培育协会	35	561	1.1	0	7	6
	巴拿拉斯印度教大学	29	327	0.9	0	2	7
	印度工业学院	29	1120	2.7	2	17	7
	CSIR-印度化学技术研究所	25	559	1.1	1	3	9
	加尔各答大学	24	216	1.0	0	3	10

续表

对标国家	机构名称	机构发文量	总被引次数	FWCI	前1%高被引文献数量	前10%高被引文献数量	发文量排名
JPN	京都大学	75	3049	2.0	4	29	1
	大阪大学	41	962	1.5	2	9	2
	九州大学	40	1261	1.7	1	11	3
	东京工业大学	39	1280	1.4	1	9	4
	北海道大学	33	1169	1.7	0	14	5
	京都理工学院	26	300	1.0	0	2	6
	东京大学	26	1220	2.5	1	8	6
	日本科学技术厅	23	536	1.4	0	6	8
	东北大学	20	315	0.9	0	0	9
	立命馆大学	17	229	1.3	0	5	10
KOR	首尔国立大学	36	1823	2.6	2	16	1
	韩国大学	31	856	2.4	2	15	2
	建国大学	21	439	1.4	1	4	3
	梨花女子大学	17	854	3.1	1	11	4
	浦项科技大学	17	597	1.6	0	7	4
	全南大学	16	310	1.1	0	2	6
	韩国科学技术研究所	16	436	1.8	1	7	6
	成均馆大学	15	373	1.7	0	5	8
	韩国庆熙大学	14	273	1.4	1	4	9
	汉阳大学	11	208	1.5	0	3	10
SGP	新加坡国立大学	294	24144	3.9	42	197	1
	新加坡科技研究局	144	14800	4.2	22	104	2
	南洋理工大学	46	3423	3.3	6	31	3
	新加坡科技与设计大学	19	640	2.5	1	9	4
	新加坡国家眼科中心	3	258	5.1	0	3	5
	新加坡综合医院	2	10	1.0	0	0	6
	新加坡公共医疗保健集群控股公司（MOH Holdings）	2	45	4.9	1	1	6
	国家癌症中心	1	11	0.9	0	0	8
	新加坡国家神经科学研究所	1	4	1.3	0	0	8
	Nanofy科技公司	1	10	1.1	0	0	8

续表

对标国家	机构名称	机构发文量	总被引次数	FWCI	前1%高被引文献数量	前10%高被引文献数量	发文量排名
UK	杜伦大学	34	1915	3.0	3	23	1
	伦敦帝国学院	16	497	1.7	0	5	2
	赫尔大学	14	313	1.9	2	5	3
	牛津大学	9	209	1.3	0	2	4
	拉夫堡大学	7	208	2.5	0	3	5
	伦敦大学学院	7	130	1.3	0	2	5
	巴斯大学	7	503	4.0	3	4	5
	格拉斯哥大学	7	152	1.2	0	2	5
	伦敦大学玛丽皇后学院	6	181	1.7	1	2	9
	剑桥大学	6	165	1.7	0	2	9
	纽卡斯尔大学	6	137	2.6	0	4	9
USA	犹他大学	25	2730	5.0	7	21	1
	弗吉尼亚大学	20	917	2.3	1	9	2
	麻省理工学院	18	1208	2.2	3	4	3
	南佛罗里达大学	17	985	3.4	2	11	4
	爱荷华大学	12	202	1.1	0	2	5
	纽约州立大学水牛城分校	11	1049	3.9	2	5	6
	得克萨斯大学奥斯汀分校	11	299	2.4	1	6	6
	美国国立卫生研究院	10	615	3.6	1	6	8
	斯坦福大学	9	537	3.3	1	5	9
	哈佛大学	8	72	0.9	0	1	10
	加州大学洛杉矶分校	8	367	3.0	1	3	10
	休斯敦大学	8	94	1.4	0	2	10
	伊利诺伊大学厄巴纳香槟分校	8	137	0.9	0	1	10

注：AUS-澳大利亚，CAN-加拿大，CHN-中国，DEU-德国，IND-印度，JPN-日本，KOR-韩国，SGP-新加坡，UK-英国，USA-美国

表 I.2　国内区域在 AIE 领域发文量前十机构（2012~2021 年）

对标国内区域	机构名称	机构发文量	总被引次数	FWCI	前1%高被引文献数量	前10%高被引文献数量	发文量排名
京津冀地区	清华大学	272	10416	2.1	14	92	1
	中国科学院大学	174	4768	1.8	6	56	2
	北京理工学院	164	4509	1.8	5	53	3
	天津大学	159	3902	2.2	10	55	4
	南开大学	133	6345	3.6	22	70	5
	北京化工大学	130	3841	2.1	6	51	6
	北京大学	116	4173	2.2	8	47	7
	北京师范大学	104	3810	2.2	7	39	8
	中国科学院	88	2606	2.3	4	38	9
	山西大学	59	832	1.8	3	22	10
香港	香港科技大学	1090	67828	3.2	134	590	1
	香港城市大学	51	1873	2.9	6	32	2
	香港理工大学	47	869	1.6	1	17	3
	香港大学	39	1168	2.7	3	17	4
	香港中文大学	35	1255	2.5	4	17	5
	香港浸会大学	26	562	1.6	1	6	6
	赞育医院	1	15	1.3	0	0	7
	艾伊津生物技术有限公司	1	22	1.1	0	0	7
	AUISET 生物科技有限公司	1	14	1.2	0	0	7
	香港神经退行性疾病中心	1	2	0.5	0	0	7
	光电子与磁性功能材料粤港澳联合实验室	1	2	0.7	0	0	7
珠三角地区	华南理工大学	907	50372	2.8	85	437	1
	香港科技大学（广州）	304	26937	3.6	46	194	2
	深圳大学	197	5729	2.8	17	106	3
	中山大学	186	10099	2.5	17	80	4
	南方科技大学	75	1799	2.4	4	27	5
	南方医科大学	66	1665	2.1	2	27	6
	香港中文大学（深圳）	63	372	1.6	0	23	7
	华南师范大学	57	1516	2.2	3	17	8
	广东工业大学	45	757	1.5	1	12	9
	浙江师范大学	33	912	1.9	1	13	10

续表

对标国内区域	机构名称	机构发文量	总被引次数	FWCI	前1%高被引文献数量	前10%高被引文献数量	发文量排名
台湾	中原基督教大学	47	1042	2.0	4	12	1
	阳明交通大学	41	889	1.5	0	6	2
	台湾中山大学	41	941	3.2	6	12	2
	台湾大学	38	832	1.8	1	12	4
	台湾中研院	24	726	1.9	0	9	5
	高雄医学大学	17	575	6.6	6	11	6
	台湾中研院化学研究所	17	531	2.1	0	7	6
	台湾科技大学	10	149	2.4	1	4	8
	台湾清华大学	10	119	1.5	0	2	8
	台湾中兴大学	9	183	2.2	1	2	10
	元泽大学	9	72	0.7	0	1	10
长三角地区	浙江大学	290	15138	2.8	26	134	1
	华东理工大学	162	5240	1.9	10	50	2
	南京大学	162	5415	2.2	4	64	2
	上海交通大学	143	6926	2.8	16	64	4
	东吴大学	128	2578	1.7	3	46	5
	安徽大学	93	2429	1.5	1	23	6
	复旦大学	86	2351	2.4	9	37	7
	中国科学技术大学	85	2323	1.8	1	27	8
	南京工业大学	77	2268	2.1	4	29	9
	杭州师范大学	70	3580	2.2	6	30	10

关于爱思唯尔

爱思唯尔是一家全球信息分析公司，帮助机构和专业人士推进医疗保健、开放科学并提高绩效。主要体现在帮助科研人员获得新的发现，与同行进行合作，并给予他们所需的知识以找到资助；帮助政府和大学评估并改善科研战略；帮助医生诊断治疗，为医生提供见解以找到正确的临床解答，为护士和其他医疗保健专业人员职业生涯提供支持。爱思唯尔的目标是为人类的利益拓展知识边界。

爱思唯尔科研分析团队作为公司旗下的科研情报团队，利用全球最大的摘要及引文数据库 Scopus、爱思唯尔全球专家网络以及其他丰富的数据资产进行定制分析服务，通过广泛的定量分析和定性研究，帮助机构或个人洞察及改进研究策略和影响力，提高机构或个人在制定、执行和评估科研策略与绩效方面的能力，全面助力睿智研究。